相约未来

——创建儿童友好型城市理念与实践

Meet the Future：The Concept and
Practice of Creating Child Friendly Cities

长沙市"儿童友好型城市"
创建工作领导小组办公室 编

U0296045

中国建筑工业出版社

图书在版编目（CIP）数据

相约未来：创建儿童友好型城市理念与实践＝Meet the Future：The Concept and Practice of Creating Child Friendly Cities / 长沙市"儿童友好型城市"创建工作领导小组办公室编. —北京：中国建筑工业出版社，2021.10（2022.11重印）

ISBN 978-7-112-26795-8

Ⅰ.①相… Ⅱ.①长… Ⅲ.①城市规划—建筑设计 Ⅳ.①TU984

中国版本图书馆CIP数据核字（2021）第211110号

本书共分两篇。上篇是权利保障：理念与共识；下篇是协作共创：长沙实践。内容包括儿童权利保护：儿童友好型城市的核心价值、不断涌现的全球实践、为什么要建设儿童友好型城市、安全与健康、教育与成长、参与与自我实现、关注与行动、体系与组织、城市规划制定与实施等。

本书可供广大城乡规划师、城市管理者、高等建筑院校城乡规划专业师生以及儿童友好城市关注者学习参考。

责任编辑：吴宇江　何　楠
版式设计：锋尚设计
责任校对：李美娜

相约未来
——创建儿童友好型城市理念与实践
Meet the Future：The Concept and Practice of
Creating Child Friendly Cities
长沙市"儿童友好型城市"创建工作领导小组办公室　编

*
中国建筑工业出版社出版、发行（北京海淀三里河路9号）
各地新华书店、建筑书店经销
北京锋尚制版有限公司制版
北京中科印刷有限公司印刷
*
开本：787毫米×1092毫米　1/16　印张：14½　字数：237千字
2021年12月第一版　2022年11月第二次印刷
定价：**58.00**元
ISBN 978-7-112-26795-8
（38085）

"寻迹友好·童绘长沙"
——2021长沙儿童友好型城市系列绘画征集活动优秀奖作品：长沙欢迎您！

作者：廖婉睿　　年龄：7岁

专家点评：此幅作品以四连漫画为创作形式，充分利用起承转结方式，很好地描述了都市中人与人温情互助的故事情节，呈现了儿童友好、城市文明等主题，凸显长沙小主人的风采。

"寻迹友好·童绘长沙"
——2021长沙儿童友好型城市系列绘画征集活动入围奖作品：游岳麓山

作者：樊梦婷　　年龄：8岁

编委会名单

序

童年是人生的起点，儿童是我们的未来。创建"儿童友好型城市"，着眼于孩子们的成长和全面发展，有利于全民素质的长足发展，体现了一座城市的使命与担当、远见与胸怀。

创建"儿童友好型城市"，是全面提升长沙市民幸福感、获得感、安全感的重要举措与美好愿景，也是孩子们心向往之的热切期盼。长沙于2015年率先发出创建"儿童友好型城市"的动员令，在城市规划建设和运营管理中进一步贯彻儿童优先原则，特别是尊重儿童需求、维护儿童权益、增进儿童福祉。6年来，我们以"一米高度"为视角，用爱心书写儿童友好的美丽画卷，让儿童充分融入城市的建设与发展、充分享受城市的便利与安全、充分感受城市的幸福与温馨。"心忧天下，敢为人先"的长沙人扛起"儿童友好型城市"建设的大旗，潜心研习先进案例与成功经验，精心谋划长沙模式与星城方案。6年的努力，让关爱儿童凝聚成社会风尚和城市共识，让儿童健康、幸福成长成为长沙发展最闪耀的特色与人居环境最温情的标识，让历史悠久的楚汉名城、灵动秀美的"山水洲城"和创新创意的"发展新城"，步入全龄宜居的幸福与长效发展的和谐之城。

今天，我们把汗水与收获、期盼与畅想都写进了《相约未来——创建儿童友好型城市理念与实践》一书中，向中国、向世界传递儿童友好的声音、贡献儿童友好的智慧、展现长沙儿童友好的风采。我们热切地期盼着"儿童友好型城市"的创建将给城市带来新蜕变、新升级，将儿童友好理念与城市高质量发展有机融合、相得益彰。我们也真诚地呼吁更多有识之士加入"儿童友好型城市"的建设，让每座城市的"小组唱"融入全国的"大合唱"，并汇聚成全球的"交响乐"。

城市，承载着人民的幸福与追求，涵养着儿童求真、向善、至美的品德与修养。我们相信"儿童友好型城市"的建设必将引领儿童描绘城市未来画卷，赋能城市发展大业。我们也期望一批又一批的小主人将成长为社会的中坚力量，让爱与温暖、善与文明薪火相传。

2021 年 9 月 16 日

（周志凯，长沙市人民政府党组成员、副市长）

前　言

改革开放以来，我国城镇化发展取得了令人瞩目的成就。据国家统计局《第七次全国人口普查公报（第七号）》显示，2020年全国常住人口城镇化率已达63.89%。中国通过人类有史以来最大规模的城镇化进程去建设各类公共服务设施，这极大地改善了人民的生活。同时，快速城市化也导致了一系列发展不均衡与不充分的问题，让儿童这一最脆弱最敏感的群体成为最值得关注的对象。创建"儿童友好型城市"，不仅着眼于儿童及其发展，更着眼于国家、城市的长远未来，并为我们的城市进入高质量发展阶段带来了新视角和新任务。

儿童是祖国和民族的未来，为了保障儿童权利、促进儿童发展，1996年由联合国儿童基金会与人居署共同发起"儿童友好型城市"倡议。截至目前，这项倡议遍及全球3000多个城市和社区，已有870多个城市和地区获得该项倡议的认证。然而，我国目前尚未有任何一座城市通过国际儿童友好型城市认证。"儿童友好型城市"对于中国来说尚属新事物，尚未完全进入公共认知。2021年，儿童友好型城市建设正式写进国家"十四五"规划，这标志着我国儿童友好型城市建设进入全新阶段。长沙作为我国最早提出创建儿童友好型城市的城市之一，经过6年时间的积极探索，业已形成了一些实践经验。在国家"十四五"规划开局之年，系统地梳理儿童友好型城市建设的理念与实践，这不仅有利于长沙进一步提升城市创建工作水平，而且也有利于总结创建"儿童友好型城市"的本土化经验，并引领我国"儿童友好型城市"国际认证工作的全面发展。

本书主体内容共9章，分作上下两篇。上篇为理论探索——权利保障：理念与共识，包括第1章至第3章；下篇为实践总结——协作共创：长沙实践，包括第4章至第9章。各章具体内容如下：

第1章是儿童权利保护：儿童友好型城市的核心价值。通过分析儿童友好型城市提出的背景、儿童友好型城市的概念及内涵、儿童友好型城市建设的意义等内容，提出儿童友好型城市建设的核心价值。

第2章是不断涌现的全球实践。由于各国所处发展阶段和社会文化存在差异，儿童友好型城市建设并没有统一的标准。通过对全球六大洲的儿童友好型城市建设实践的介绍，了解发达国家与发展中国家以及不发达国家的建设重点与举措等。

第3章是为什么要建设儿童友好型城市。立足于中国和长沙实际，分析中国建设儿童友好型城市的必要性和现实基础，并进一步解析长沙建设儿童友好型城市所面临的机遇和挑战。

第4章是安全与健康。主要从两方面介绍长沙在儿童安全与健康领域的城市建设实践：一是从点、线、面三个维度出发，讲述长沙如何保障儿童通学和玩乐安全，全面消除城市安全隐患；二是从身心两方面介绍促进儿童健康成长的长沙城市建设实践。

第5章是教育与成长。提出儿童友好型城市建设要遵循儿童的特点和成长规律，阐述个体在开端（0~6岁）、丰富（6~12岁）、超越（12~18岁）、回归（曾经的儿童）四个阶段中"玩"与"学"的关系，全面介绍长沙在儿童教育与成长方面的城市建设经验。

第6章是参与与自我实现。基于城市和儿童的相互关系讲述了以下3个方面的内容：一是温暖的世界——以我之名表达爱家之深情，讲述儿童成长需要的"家园观"；二是童趣的世界——搭建欢声笑语的成长平台，讲述城市氛围对儿童成长的影响；三是融洽的世界——儿童与城市成长满怀拥抱，讲述儿童成长与城市发展的相互关系。

第7章是关注与行动。从"政策倡导、空间实践、服务支撑"3个方面对长沙市儿童友好型城市建设展开关注与行动。

第8章是体系与组织。从国际性机构、政府机关、社会群体三大主体在长沙市儿童友好型城市建设中的分工，总结儿童友好型城市建设的体系与组织。

第9章是城市规划制定与实施。立足于长沙市自然资源和规划主管部门在儿童友好型城市建设中开展的具体工作，系统地归纳长沙市助力儿童友好型城市建设的规划制定与实施。

本书的写作旨在实现4个目标：一是传导价值。儿童友好型城市建设应倡导安全宜居、儿童权利保障、可持续社会支持、全龄友好、共同成长等核心价值观；二是集成工具。通过系统研究长沙儿童友好型城市实践，归纳可供其他城市参考借鉴的设计案例库、规划工具包、政策工具包和实践范例库；三是记载美好。记录长沙在城区、学校、社区、组织、平台、活动、人物等不同尺度与角度的儿童友好型城市建设经验；四是畅想未来。从各类生动的中国本土化案例去展望未来儿童友好型城市建设的前景。

本书的写作还参考了国内外众多专家学者的论著与研究成果，对所引用部分在书中及参考文献中都尽可能地一一予以标注，但仍恐有挂一漏万之处，敬请专家多多包涵。由于作者能力与水平的限制，书中难免会出现疏漏与不当之处，敬请读者朋友不吝赐教。这本《相约未来——创建儿童友好型城市理念与实践》一书也权作是我们学习国内外儿童友好型城市理论与实践的总结和心得。

目 录

上篇 ▶ 权利保障：理念与共识

下篇 ▶ 协作共创：长沙实践

上篇　权利保障：

理念与共识

- ● 儿童权利保护：儿童友好型城市的核心价值
- ● 不断涌现的全球实践
- ● 为什么要建设儿童友好型城市

第1章

儿童权利保护：儿童友好型城市的核心价值

> "如果我们能为孩子们建设一个成功的城市，我们就是为所有人建设了一个成功的城市。"
>
> ——恩里克·潘纳罗萨，哥伦比亚波哥大市长

1.1 儿童友好型城市提出的背景

1.1.1 儿童身心健康状况的恶化引起对儿童福祉的广泛关注

当代人类在取得工业化、城市化巨大胜利的同时，也让代表人类未来的儿童遭遇了前所未有的困境：郊区化、功能区划强化了空间的隔离，将儿童生活变成了各种支离破碎的拼凑；步行空间的不安全性让具有人文情感和场所精神的街道空间被日益蚕食；生活方式的宅化和虚拟化导致儿童丧失感受真实世界的机会，让日常生活的困难变成了儿童不可逾越的鸿沟；近视、肥胖、心理等问题也愈发阻碍了儿童与城市的同步正向发展。与财富增长的狂欢相比，儿童身心健康的每况愈下让人触目惊心。与此同时，随着人类关于"健康"的定义从早期的"消除疾病或羸弱"到如今的"身体、精神及社会层面的康乐状态"，儿童和青少年福祉的内涵也在发生着深刻变化。应用心理学专家瑞秋·道奇在其博士论文中将福祉的康乐状态比喻为达成平衡的跷跷板：一端是个体面临的挑战；另一端则是该个体可用的资源。只有当个体可用的资源足以应对其面对的挑战，他的身体、精神及社会层面才能达到康乐状态。

中国快速的城镇化进程不仅影响了城市的物质空间，也使城市的人口结构发生了变化：《2015年中国人口状况：事实与数据》显示，中国儿童人口（0～14周岁）规模占全国总人口的比重自20世纪80年代以来不断减少，2019年全国儿童人口数为2.35亿，占总人口比重为16.8%；与此同时，随着越来越多的人口流向城市，城镇儿童规模迅速增加。受限于经济发展阶段与水平，中国的儿童权利保障工作更多地聚焦于困境儿童的权利保护，而对倡导广泛权利保护的儿童友好型城市建设缺乏长期有效的政策服务支持。尽管儿童群体在当前中国的城市建设中并未被明显排斥，但当各利益群体发生严重冲突时，城市管理者很难严格践行儿童权利优先的原则，也因此难以保障儿童在空间使用中获得一定的优先权。

关注最弱势儿童福祉建设的重要性是不言而喻的　　专栏 1-1

　　"如果我们现在不投资于最脆弱的儿童和家庭，则劣势和不公平的代际循环将持续下去。倘若一代又一代不断错失机会，则富人和穷人之间的差距将越来越大，这将严重影响人类的长期繁荣稳定。"

——联合国儿基会（UNICEF），2017

1.1.2　保障儿童权利的儿童友好型城市建设面临本地化难题

　　童年之于成人，犹如一个美丽缤纷、五彩斑斓的梦，抚慰着成年人千疮百孔的心，滋养了一代代文人墨客。南宋豪放派词人辛弃疾在《清平乐·村居》中对儿童生活剪影的描绘："大儿锄豆溪东，中儿正织鸡笼；最喜小儿亡赖，溪头卧剥莲蓬。"清代文学家沈复在《童趣》中关于"物外之趣"的描述："余忆童稚时，能张目对日，明察秋毫，见藐小之物必细察其纹理，故时有物外之趣。"中国现代文学的奠基人鲁迅先生人到中年回忆起童年时的快乐生活，写出了《从百草园到三味书屋》《社戏》

和《故乡》，童真、童趣、童愁跃然纸上。精神病医师、心理学家、精神分析学派创始人弗洛伊德说："人的创伤经历，尤其是童年创伤，会影响人的一生"。无独有偶，人本主义心理学先驱、个体心理学创始人阿德勒说："幸福的人用童年治愈一生，不幸的人用一生治愈童年"。童年之于人的一生具有重要意义，关爱儿童、为儿童创造美好童年理应成为我们的本能与义务。

"儿童权利"的概念并非自古就有，相反，它不仅诞生较晚，而且还是一个被不断建构的概念。起源于14世纪的文艺复兴运动使得人类社会开始肯定人的价值，倡导人权。以儿童为主体的"儿童权利"概念则出现得更晚，它的诞生可追溯至卢梭的教育学著作《爱弥儿》，该书中关于"在人生的秩序中，童年有它的地位；应当把成人看作成人，把孩子看作孩子"的论述正式宣告了"儿童"概念的确立，卢梭也因此被世界公认为"发现孩子第一人"。1948年12月10日，联合国大会通过并颁布《世界人权宣言》，这成为第一个人权问题的国际文件。1959年11月20日，《儿童权利宣言》获联合国大会通过，提出了各国儿童应当享有的各项基本权利。由于该宣言不具有法律约束力，直到1989年11月20日，历时十年起草的《儿童权利公约》才获联合国大会通过，成为第一部有关保障儿童权利且具有法律约束力的国际性约定。1996年，由联合国儿童基金会（United Nations International Children's Emergency Fund，UNICEF，以下简称"联合国儿基会"）和人居署（UN-Habitat）以实现《儿童权利公约》规定的儿童权利为目标，共同发起"儿童友好城市倡议"（Child Friendly City Initiatives，简称CFCI）。

中国虽于1990年签署了《儿童权利公约》，但关于儿童友好型城市建设的实践却开展得较晚。2016年，在CFCI提出20年之后，长沙市和深圳市等城市才率先提出全面建设儿童友好型城市，并开展了一系列有关儿童友好型城市建设的实践。从已有实践来看，中国当前的儿童友好型城市建设也暴露出一些问题：对儿童友好型城市的理解片面和狭隘，以至于从规划设计人员到决策者很大程度上将其等同于建设大型儿童综合体功能项目，而不利于建构适用于我国本土的标准化技术框架和研究范式。实际上，儿童友好型城市并不是要建设一个儿童专享的空间系统，而是在城市发展理念、规划路径和运营管理等方面遵循儿童权利优先的原则，通过切实满足儿童的生理、行为、心理需求，提升城市的儿童友好度。同时，由于中国不同城市间的巨大差异导致了每个城市和地区亟待解决的儿童权利问题不尽相同，在具体语境下（包括地域差异、贫富差距、民族文化特点等）深刻理解儿童权利，并合理解决儿童权利保障与城市空间发展之间的冲突就显得尤为重要。或许正是以上原因，使得中国到目前为止还没有一座城市通过国际认证而成为儿童友好型城市。

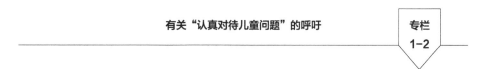

有关"认真对待儿童问题"的呼吁　　专栏 1-2

"失去家人和朋友，焦虑，居家限制，缺乏支持，学校停课，难以获得医疗保健，以及疫情大流行等造成的经济损失，这对儿童的身心健康与成长将造成灾难性的影响，这就需要各级政府积极应对。"

——联合国儿基会UNICEF，2020

1.1.3 全球性的合作研究和行动体系正在加速形成

法国现代小说家儒勒·列那尔说："如果大人能知道小孩子在想什么，爱与被爱的默契一定好过现在"。现实生活中我们经常面临这样的矛盾：一方面，父母都深爱自己的孩子，愿意倾其所有为孩子提供最好的生活；另一方面，我们又不完全懂得孩子真正需要什么，如何满足这些需求。除此之外，家长所能提供的条件也只能是其力所能及范围之内的，对于其力所不能及的，诸如更为广泛的社会环境却往往束手无策。幸运的是，儿童所处的生活与发展困境在近20多年来引起了各国政府、社会各界及有关机构的广泛关注。

儿童友好型城市研究从本质上来说属于城市儿童福祉研究的范畴，其作为学术领域与城市规划、公共卫生一同起源于英国工业革命维多利亚改革时期。西方国家尤其是英语国家有关儿童福祉的讨论出现了两个明显特点：一是对人口结构、种族、特殊群体等问题过分关注，导致儿童和青少年的福祉问题一定程度上被忽视，直到2005年一本名叫《幸运的乡村儿童》书籍的出版，才再次让沉寂之后的儿童问题重新成为大众关注的焦点；二是儿童福祉问题的讨论逐渐进入跨学科的对话阶段，因为越来越多的健康专家、儿童心理学家开始意识到儿童日常生活及其建成环境对他们的生理和心理健康起着重要作用，这种突破性的认识直接对城市学和政策制定领域产生了重要影响。

有关"儿童友好型城市"建设，专业和科学研究领域已经普遍认识到该工作必须以多学科的知识框架为基础，有赖于各领域直接的非正式合作以及跨部门的政策干预。20多年来，有关儿童友好型城市的介绍性研究已十分丰富，包括人居Ⅱ国际研究网络发布的儿童友好型城市倡议（CFCI）相关报告、关于儿童友好型城市概念的报告、关于儿童出行能力的论述。随着儿童友好型城市建设实践在世界范围内的传播，开始出现了多样化研究，包括韩国在全国7个地方自治团体新展开的努力、日本5个自治体的试行及欧美的最新动向。联合国对儿童友好型城市的全球呼吁为地方政策的发展提供了框架性支持，国际游戏协会（IPA）、儿童环境研究小组（CERG）等国际组织与研究机构针对建设儿童友好型城市开展了一系列工作，以期在城市、社区、校园等不同层面实现儿童权益保障。2018年，联合国儿基会出版了《儿童友好型城市规划手册》一书，为城市规划在实现可持续发展目标中如何发挥核心作用提供了指导。除此之外，世界卫生组织、联合国儿基会以及《柳叶刀》于2020年共同成立了一个具有里程碑意义的委员会，该委员会在其报告《世界儿童的未来》中强调要加大对儿童的投入，并且呼吁各国领导人将儿童置于可持续发展战略的中心位置。对于我国而言，在"十四五"规划的开局之年，儿童友好型城市建设正式写进国家"十四五"规划，提出"开展100个儿童友好城市示范，加强校外活动场所、社区儿童之家建设和公共空间适儿化改造，完善儿童公共服务设施"，这标志着我国儿童友好型城市建设进入全新阶段。

1.2 什么是儿童友好型城市

"我们知道大猩猩、东北虎和熊猫所需的健康环境，却对人类所需的良好城市环境知之甚少。"

——扬·盖尔，丹麦建筑师和城市设计师

按照儿童友好型城市官网（http：//childfriendlycities.org）定义，"儿童友好型城市"（child-friendly city，CFC）是指"致力于实现《儿童权利公约》规定的儿童权利的城市、城镇、社区或任何地方政府体系"。其中，定义所涉《儿童权利公约》主要包括儿童具备的4项基本权利：生存权、发展权、受保护权和参与权；定义所指"儿童"是指年龄在18岁以下的人。儿童友好型城市的内涵涉及很广，关乎社会的方方面面，但究其本质，其内涵主要包括4个方面：给予儿童参与决策的权力、提供儿童完善的社会服务体系、保障儿童生活环境的安全、满足儿童各类行为活动的需求。儿童友好型城市倡议（CFCI）的五大目标分别是：有权受到重视、尊重和平等对待；有权利表达意见；有权享受基本服务；有权在安全的环境下成长；有权与家人在一起、享受游戏和娱乐。

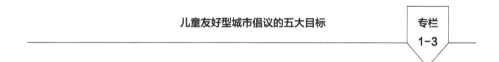

儿童友好型城市倡议的五大目标　　专栏 1-3

目标1：每个儿童和青年都应该在各自的社区中受到地方政府的重视、尊重和平等对待。

目标2：每个儿童和青年都有权表达自己的意见、需求和优先事项，任何影响到他们本人的公共法律（如适用）、政策、预算、程序以及决策，需充分考虑这些意见、需求和优先事项。

目标3：每个儿童和青年都能获取优质的基本社会服务。

目标4：每个儿童和青年都能生活在安全、可靠、清洁的环境中。

目标5：每个儿童和青年都有机会与家人在一起享受游戏和娱乐。

——《构建儿童友好型城市和社区手册》联合国儿基会UNICEF，2019

1.2.1 主体维度：从儿童友好到全民友好的城市

孟子曰："老吾老，以及人之老；幼吾幼，以及人之幼。天下可运于掌。"孟子将善待老幼的仁心当作君王统一天下的法宝，足见关注并帮助社会弱势群体对一个国家的繁荣昌盛何等重要。从传递文明的角度看，刘易斯·芒福德认为：城市的基本功能在于传承文化和教育人民，作为最需要接受教育和传承文化的中流砥柱，儿童之于城市的重要性是不言而喻的。成年人由儿童成长而来，如果儿童能在充满爱与温暖的环境中长大，那么传递这份爱与温暖才会变得容易，社会才能够发展出"人人为我，我为人人"的成长土壤。

正如武汉市规划研究院于一丁在《创建儿童友好型城市》一书的中文版序2中所说："儿童作为诸多弱势群体中的低层，在理论和道德上具有无可比拟的优势"。尽管如此，需要注意的是，儿童友好型城市并不意味着将规划与设计的焦点仅仅集中于儿童群体，忽视其他人群的真实需求，而是在兼顾多代需求的基础上，赋予儿童一定的优先权，使城市环境建设更适宜儿童成长与发展，体现了城市建设中对于儿童权利与地位的认可。这既是对社会弱势群体特殊需求的真实回应，也反映了城市发展由注重物质建设向回归人本的社会生活规划转型。

1.2.2 价值维度：以人为本不断满足儿童多层次需求

> "儿童不仅是我们的未来，也是我们的现在，是时候认真倾听他们的需求了。"
>
> ——卡洛·贝拉米（Carol Bellamy），联合国儿基会执行主席

我国当前处于人口少子化叠加人口老龄化阶段。有学者预测，至2030年我国将进入超少子化状态并持续深化，这意味着我国未来面临的人口结构性矛盾必将日益突出。2021年5月31日，中共中央政治局下发通知：全面放开并鼓励生育三胎。试想，如果没有儿童友好环境，如何安心生"三胎"？我们按照美国著名社会心理学家马斯洛的需求层次理论来重新梳理儿童友好型城市的不同层次：马斯洛将人的需要分成生理需要、安全需要、社交需要、尊重需要和自我实现需要等五类，并呈低级向高级发展的金字塔形态。对儿童来说，结合其身体、心理及生活实际，其需求可被简化为3个层次：安全与健康、教育与成长以及参与与自我实现，这隐喻了儿童友好型城市建设的3个诉求。

首先，安全与健康需求是前提，这意味着城市要为儿童提供安全独立行走于街道空间的机会，为儿童主动隔离和控制安全隐患，使儿童能在城市建成环境中很好地完成日常生活中必不可少的活动，如吃、住、行、游、购、娱等。其次，教育与成长需求是根本，意味着城市要起到教化儿童、促进儿童成长的作用。游戏对于儿童的教育与成长至关重要，更有利于培养儿童的各种成长技能，特别是有关儿童心理特征和关注点的游戏设施显得尤为必要。除此之外，由于儿童几乎有一半的时间是在学校度过的，建设设施友好、儿童优先、以人为本的儿童友好型学校显得尤为迫切。最后，参与与自我实现是关键，直接决定了儿童友好型城市建设的成败。儿童友好型城市建设的核心和途径是儿童参与决策，最终是为了实现儿童及全人类的可持续发展。

不断满足儿童与青少年需求的城市建成环境　| 专栏 1-4 |

　　"儿童与青少年的需求，尤其是关乎他们成长的居住环境应该得到充分的考虑，在城市、城镇和社区建设过程中的公共参与环节，尤其应该将他们的需求纳入其中，从而确保儿童生活环境更加安全，同时还应充分尊重儿童环境认知的视角、创造力和认识能力。"

——联合国人类住区委员会UNCHS，1996

　　"整个城市就是一个游戏场，并不仅仅是那些具体设置给他们的小地块。他们在探索城市的过程中应该享有免于交通威胁、免于陌生人威胁、免于成人对他们游戏控制的公共环境，社区的这种意义应该成为规划目的之一。"

——Hil and Bessant，1999

1.2.3 治理维度：儿童参与、系统化建设的城市

　　任何领域的改革，最终都会指向社会治理。因此，儿童友好型城市的创建从本质上来说，需要构建"以儿童最大利益优先"为准则的城市治理方案。20世纪初，美国政治哲学家约翰·罗尔斯在著名的《正义论》中指出：公平正义的社会和经济资源分配必定是以"最少受惠者的利益最大化"为准则。儿童友好型城市建设治理的价值取向就是"儿童最大利益优先"。城市治理被认为是"个人及机构、公共部门和私营部门共同规划并管理城市公共事物的各种手段的总和，同时，它是一个持续不断的过程，通过此过程来调解多方利益冲突，并实现合作行动，达成共同目标"。

　　儿童友好型城市的治理，需要构建以儿童为中心的多元化协同治理机制，并形成包括行政单位、学校、社区、企事业、公益组织、媒体六个板块的儿童友好型城市创

图1-1 "儿童友好型城市"治理机制
（图片来源：参考文献［13］）

建联盟。其中，行政单位起引导作用，从政府职能层面牵头统筹推进各项工作。学校和社区是儿童重要的权益空间，是儿童日常学习与生活的主要场所，也是空间治理的重点。企事业、公益组织是提供儿童服务的重要主体，从产业、技术与人才方面提供全方位的儿童服务，是创建工作重要的社会力量。媒体则是全程跟踪报道创建工作，促进全社会加深理解、达成共识（图1–1）的手段。

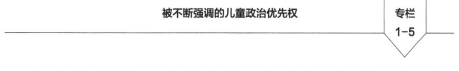

被不断强调的儿童政治优先权

专栏
1-5

"儿童友好型城市是一个明智政府在城市所有方面全面履行儿童权利公约的结果，不论是大城市、中等城市、小城市或者社区，在公共事务中都应该给予儿童政治优先权，将儿童纳入到决策体系中。"

——联合国儿基会UNICEF，2005

1.3 儿童友好型城市建设的意义

> "我们正迎来越来越多的人在城市生活的时代——这本应是个好消息，因为城市拥有更多的机会，更好的教育和就业前景——但问题是城市化进程正以人类历史上史无前例的规模和速度扩张……这些问题都需要通过专业途径解决，而不是依靠慈善机构。我们需要最优秀的人士竭尽全力解决这个问题。"
>
> ——亚历杭德罗·阿拉维纳，建筑师，2016年普利兹克建筑奖获得者

1.3.1 建设儿童友好型城市是应对城市可持续发展挑战的良方

可持续发展原则指出：当代人在环境、社会和经济上的发展不能以牺牲未来人类的利益为代价。不同领域的国际性文件从不同角度强调了儿童对于可持续发展的重要性，其中包括：《儿童权利公约》将儿童福祉和生活质量看成是城市可持续发展建设管理的终极指标；《21世纪议程》将可持续发展中青少年的参与上升到了决定该议程能否成功的高度。《联合国儿童基金会2018—2021年战略计划》与《2030年可持续发展议程》设定的可持续发展目标（SDG）高度一致。联合国通过上述文件的签署，让签署国对其城市的发展计划和策略做出承诺，以保障儿童的权利，实现城市的可持续发展。然而，现实状况却是：承诺往往流于表面，难以成为政治的主流价值观，儿童依然在危机四伏的城市中岌岌可危地生活。2018年，联合国儿基会《可持续发展目标下的儿童发展》报告显示，全球有超过6.5亿的儿童偏离了联合国制定的可持续发展目标进程，而且实际情况可能更为严重。根据报告预测，鉴于当前国际环境的复杂形势，除非联合国在接下来的时间内加快可持续发展目标中与儿童相关的目标进度，否则将有超过1000万名儿童会在5岁之前死于本可以提前预防的原因；超过3000万名儿童会因缺乏足够营养而导致发育不良，失去发展机会；

超过2000万名儿童无法接受学前教育，不能为之后的教育打下良好基础。已有研究表明，长期遭受饥饿的儿童往往健康状况较差、受教育程度较低，而且成年后的收入较低，而遭受过暴力侵害的儿童则更容易成为施暴者。相反，营养状况良好、教养良好的孩子成年后往往更加健康、也更加有成就，从而也更有能力为自己的孩子提供更好的教养。简而言之，由于儿童的行为深受他们与城市环境的持续互动影响，因此，今天投资于儿童将会使整个社会从中受益，儿童参与建设可持续城市决定着我们的城市和地球的未来。

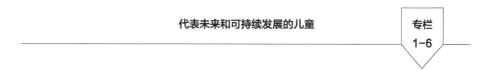

代表未来和可持续发展的儿童　　　　　专栏
1-6

　　"儿童眼中的城市乐观向上、充满生命力，儿童拥有深深根植于现状并拥抱未来的信念，一种强烈倾听未来、渴望未来的积极情感，这种顽强的乐观主义精神应该在城市发展中占有一席之地。"

——Davoli and Fari，2000

1.3.2 聚焦于儿童的城市环境有助于为子孙后代创造美好家园

古往今来，人们迁往城市的根本原因从未改变：享受更好的服务，找到满意的工作，拥有思想和行动上的自由；在安全和健康的城市环境中找到制度上的支持和安慰。儿童往往在城市中处于最不利的地位，原因在于城市的建成环境是成年人为满足其日常需要而建造的。城市生活中有利的一面忽略了儿童，而不利的一面却对儿童产生了深远的影响。如果一个城市的规划能够尊重儿童的需要，毫无疑问，这个城市也必然会尊重生活在这座城市中的每一个公民。相反，如果建成环境无法满足儿童的需要，也一定会影响生活在这座城市里的每个人的生活质量。儿童可以教会我们最基本的常识，他们对城市空间的使用，反映了社区中所有弱势群体，包括残疾人和老年人在内的需求。总而言之，如果以满足儿童需求的方式来规划城市环境，这样的城市环境不仅有助于儿童的成长，更会成为子孙后代的美好家园。

建设儿童友好型城市的动机：基于正义的城市热爱和人文关怀　　专栏 1-7

"曾经，我们都是儿童；今天，我们都有属于自己的儿童，城市由千千万万过去的儿童、今天的儿童和未来的儿童组成。今天他们在城市中获得的一切将决定明天的城市，儿童友好型城市本质上是城市给予生命平等的尊重，这样一个乌托邦式的理想不可能建构一个范式的技术框架。在相同的目标指引下，每个城市只能结合自身特点寻找最优实现路径，这种特殊的梦想追逐给予了城市建设者巨大的操作空间，但也要追逐者拥有最纯粹的动机——基于正义的城市热爱和人文关怀。"

——丁宇，2013,《创建儿童友好型城市》译后记

1.3.3 致力于公平的城市规划可能扭转儿童更加边缘化的局势

城市规划通过确定土地用途，进而确定不同规模的建筑和基础设施的城市形态，以及资源系统的空间布局，旨在构建良好的城市建成环境。城市在发展过程中带来了繁荣，也带来不均衡，这种不均衡体现在空间中的诸多方面，对作为社会弱势群体的儿童影响尤甚。与此同时，全球已达成"童年是儿童融入城市并享受城市便利的重要时期，是为不同年龄群体找到空间解决方案的关键"的共识。一个"儿童友好型"的城市，也必将是一个适合所有人的"人居友好型"城市。因此，我们当今倡导儿童友好型的城市规划，就是要在城市发展理念、发展路径等方面大力提升儿童友好度，引导儿童形成健康的生活方式，为儿童创造更加"安全""自由""平等""方便""自然"的美好未来。

建设儿童友好型城市，城市规划大有可为

"当下中国城市化经历拐点之痛，感性的狂热悄然退却，理性的步伐渐已苏醒，数十年城市发展积累的病灶也在悄然凸显……空间资源作为各方利益博弈的核心要素，粗放式的分配模式对当前许多矛盾起到了推波助澜的作用……儿童空间弱势便是其中之一。城市规划作为调配空间资源的首席裁判员，对此具有不可替代的作用和责任。"

——丁宇，2013，《创建儿童友好型城市》译后记

第 2 章

不断涌现的全球实践

> "应关注我们的未来——儿童，应该更全面地认识、承认所有儿童的权利，政府应该给予他们更多的发展机会和安全的生活环境。"
>
> ——UNICEF，2005

预计到2050年，全世界将有70%左右的人口生活在城市，其中大多数人口年龄低于18岁。而城市的快速发展在推进整个人类社会进步的同时，对儿童的成长环境产生巨大改变，城市与儿童两者的发展之间出现了诸多矛盾。有鉴于此，近些年国际社会对儿童友好型城市建设的关注与日俱增，各地涌现出了大量的行动计划及项目实践。不同地区有着不同的行动方案，同时着眼点与侧重点又有所区别，它们从不同角度与层面出发，共同搭建了建设儿童友好型城市的实施网络，为儿童权益的保障提供了途径。从联合国发起儿童友好型城市倡议以来，截至2021年7月，这项倡议已经得到48个国家的实施或者试点，10个国家正在计划加入，900多个城市和地区获得认证，足迹遍布全世界4000多个城市和社区（Minato Japan Committee For UINIEF，2021）（Minato Japan Committee For UINIEF，2021）（Minato Japan Committee For UINIEF，2021）。

2.1 欧洲

2.1.1 意大利：特伦托——儿童之友博物馆

意大利，位于欧洲中南部，国土面积301333km²。北以阿尔卑斯山为屏障，并与法国、瑞士、奥地利、斯洛文尼亚接壤，东、南、西三面分别临地中海的属海亚得里亚海、爱奥尼亚海和第勒尼安海。首都为罗马，主要城市包括米兰、特伦托、都灵、佛罗伦萨、威尼斯等。意大利是一个发达的资本主义国家，欧洲四大经济体之一，是欧盟与北约创始会员国之一，在艺术与时尚领域处于世界领先地位。截至2020年，意大利人口约为6046万人，人口密度205.6人/km²，人均GDP约33858美元。

2019年5月27日，意大利特伦托市缪斯博物馆正式成为意大利唯一通过联合国儿基会认证的"儿童之友博物馆"，在当天意大利以法律条文的形式批准通过了《儿童和青少年权利公约》。缪斯博物馆积极致力于创建儿童友好型博物馆的目标，以儿童的需求为目标导向，执行了一系列具体的行动，例如：注意儿童健康饮食和浪费粮食的菜单；为儿童父母预留停车位；针对儿童和青少年制定优惠价格；与学校和教育机构通力合作助力儿童成长；设置母婴室等方面。

缪斯博物馆为儿童和青少年提供平等的学习和成长的机会，打破了传统科学博物馆的范式界限，根据不同年龄阶段的儿童需求在空间设计与活动组织等方面开拓创新，展示了大量的自然、科学互动类展品，包括自然和生物科学、物理学、数学、天文学、社会学和安全等诸多方面。

缪斯博物馆儿童主题观摩展厅　　专栏 2-1

缪斯博物馆重点打造不同儿童重点主题的学习观摩展厅，满足了儿童在不同成长阶段的认知需求，引导孩子们边玩边学、玩中取乐、乐中学习。

【科学物理世界】

在科学物理世界展厅中设置有20个关于实验运动学、力学、动力学、声学和光学原理的互动展品，通过使用悬浮的机器和物体来再现物理现象、光的特性、模拟动物发出的声音、几何谜题、空气的重量和其他现象日常生活。让孩子们通过可见、可闻、可感的形式感受物理世界的魅力。

【沉浸式穿越古与今】

从阿尔卑斯山的原始状态延展到全球的未来，在3D模拟技术的支持下带领孩子们踏上贯穿古今旅途。其中通过一个悬浮的互动心脏模型，以直观而迷人的方式向孩子们展示复杂环境系统，引导孩子们认识到自然系统的内在相关性、高度复杂性以及外在脆弱性。另外，在其中孩子们还可以接触到许多历史的复制品：尼安德特人的燧石碎片、智人生产的第一种艺术形式、史前史中使用的原材料等，它将参观者引入了一个沉浸式空间。

【多洛米蒂山脉的悠久历史】

通过多媒体设备和种类繁多的化石、岩石和矿物，展示了阿尔卑斯山的地质和地貌演变过程，使我们能够深入了解造山作用产生的巨大压力导致了古代海床上升到海平面以上并破裂形成阿尔卑斯山的过程。展厅最后是以环境风险和公众保护作为主题参观空间，通过互动模型和展览来展示怎么预防自然和人为灾害。

【从起点到顶峰】

将博物馆内的三层楼自下而上模拟成一座山，在山脚可以了解到阿尔卑斯山和白云岩的起源，以及第一批采集狩猎者从地底开采资源的千年历史。随着楼层的升高，象征着海拔的上升，逐渐展示出阿尔卑斯山上丰富的生物多样性、适应性和生存策略，以及生态系统关系、动物和植物在阿尔卑斯山那样极端环境中如何适应和生存的问题。最后到达了山顶，可以欣赏到美妙的冰川岩石，能让孩子们切实触摸到小的高山冰川，并在高海拔景观中感受"飞越"白云岩山峰和冰川以及被雪崩"淹没"的景象。在参观结束时还可以体验在登山中使用的雪崩探测设备，它可以用作模拟寻找失踪人员。

【恐龙时代】

恐龙时代探求地球的起源、生命、进化、适应过程。物种的进化史通过生命之树延续，这是一个关于DNA历史的沉浸式故事。它设置有专门展示恐龙、海洋爬行动物和大型哺乳动物的画廊，通过画廊可以探寻其生物习性及其过往的神秘痕迹。

【生命的历史与进化】

从太阳系的形成，到真人大小骨骼的恐龙画廊，再到现代技术的新发现。一场跨越45亿年的沉浸式时空旅程，让我们感受到地球上生命的主要进化过程，以及人类与自然环境之间的复杂关系，还有可持续发展等议题。

——缪斯博物馆

2.1.2 英国：威尔士——儿童游戏立法

英国位于欧洲西部，国土面积约24.41万km²。英国由大不列颠岛、爱尔兰岛东北部和一些小岛组成。隔北海、多佛尔海峡、英吉利海峡与欧洲大陆相望。英国是一个高度发达的资本主义国家，首都为伦敦，为欧洲四大经济体之一，其国民拥有极高的生活水平和良好的社会保障制度。截至2019年，英国人口约为6679.68万人，人口密度280.6人/km²，人均GDP约为45613美元。

20世纪初，英国从儿童心理、社会研究、城市环境等多个领域关注城市中儿童的游戏环境，经过近百年的探索，已经形成了丰富的实践经验和研究成果。其中威尔士为儿童游戏立法的案例在全球范围内极具代表性。威尔士政府认为，游戏对儿童的认知、身体、社交和情感发展至关重要，它是儿童享有的基本权利之一；游戏同时也可以作为一种减少儿童之间不平等的手段。政府希望创造一种孩子们有充足的游戏机会并能享受他们的娱乐时间的环境。2010年，威尔士政府出台了《威尔士儿童与家庭措施2010》（Children and Families（Wales）Measure 2010），这成为世界上第一部具有法律效力的儿童游戏权利保护文件，为地方政府保障儿童游戏活动提供了基本的原则。

《威尔士儿童与家庭措施2010》规定每个地方政府需要进行《游戏充足性评估》（Play Sufficiency Assessments）。地方每隔3年需向政府提交一次《游戏充足性评估》报告，并在地方当局网站公布游戏充足性评估结果和保障儿童享有充足游戏机会的行动计划。威尔士政府通过该项立法对更广泛的地方法规产生影响，为地方政府部门提供引导，如《游戏充足性评估》的准则规定，当地政府有权在儿童玩耍的区域对机动车行驶速度设置20 mile/h（约32.19 km/h）的限制。威尔士政府通过为儿童游戏权利立法，加强了地方政府对儿童游戏的重视，提高了儿童在城市中的游戏机会，政策实施成效显著。

2.2 北美洲

2.2.1 加拿大：爱幼市政府认证计划

加拿大位于北美洲北部，国土面积998万km²，居世界第二位。东临大西洋，西濒太平洋，西北部邻近美国阿拉斯加州，南接美国本土，北靠北冰洋。首都为渥太华，主要的城市有多伦多、蒙特利尔、温哥华等。加拿大是一个高度发达的资本主义国家，是西方七大工业国家之一。其制造业、高科技产业、服务业、资源工业、初级制造业和农业等都是国民经济的主要支柱。截至2020年10月，加拿大人口为3800万人，人口密度为4.2人/km²，人均GDP约40125美元。

自2009年以来，加拿大的爱幼市政府认证计划（Municipity Amie des Enfants，MAE）一直活跃在魁北克省，该倡议由非政府组织家乐福家庭行动领导，并得到非营利组织孩子的未来组织（Avenir d'enfants）的财政支持。MAE计划是一项为期3年（3

年之后重新认证）的免费认证计划，让市政当局承诺尊重儿童的权利，并在其决策、政策和服务中考虑儿童的意见和需求。简而言之，就是打造一个在其所有行动中为儿童腾出空间的城市。

MAE计划的目标

1）让儿童和年轻人的生活环境更加友好和便利，同时提高他们获得安全环境以及文化和休闲的机会。

2）提高儿童和年轻人的公民意识，并通过建立倾听和尊重他们的社会结构来促进他们融入社会。

3）让市政当局在其公共决策、政策和计划中优先考虑儿童的意见和需求。

4）通过将儿童权利置于进程的核心，鼓励有利于家庭政策项目的出现。

——Municipalité amie des enfants

自启动以来，该计划已发展壮大并遍及魁北克省。目前，包括省会魁北克市和最大城市蒙特利尔在内的49个城市获得MAE认可。除此之外，阿尔萨巴斯卡地区县市的22个城市已通过其市议会的决议，承诺在2018年成为儿童友好型城市。至此之后，近50%生活在加拿大魁北克省的儿童将生活在一个被公认为是儿童友好城市的环境中。

MAE计划中的爱幼措施　　　　专栏
　　　　　　　　　　　　　　　　2-3

1）团结游行——倡导儿童权利

2009年，在青年剧院（Théâtre jeunesse Les Gros Becs）的倡议下，20多个为儿童工作的组织齐聚一堂，庆祝《国际儿童权利公约》颁布20周年。从那时起，每年的11月20日就是国际儿童权利日，加拿大魁北克市都会组织一次象征性的游行，将年轻人和老年人聚集在一起，以强调儿童的重要性并重申他们的权利。

2）儿童周（Grande semaine des tout-petits，GSTP）——提升儿童福祉

一个全社会讨论儿童福祉与发展的星期，给我们一个反思如何提升儿童生活品质的机会。在魁北克省，超过13%的家庭中至少有一个0～5岁孩子的住房得不到保障，导致家庭开销中住房租金或者住房贷款占据大部分，因而这些孩子在基本生活需求方面得不到满足。基于此，在临近2021年7月时，加拿大魁北克政府提交了一项超过6000万美元的援助计划，包含3个措施：①租金补助计划：低收入家庭将有机会住在私人业主、住房合作社或非营利组织拥有的住房中，只需支付其年总收入25%的费用，涵盖业主要求的差价；②给予市政当局200万美元的财政援助：市政当局支持当地家庭采取临时住所的形式获得安身之处；③魁北克住房公司（Société d'habitation du Québec，SHQ）的帮助：欢迎正在寻找住宿的家庭致电与该公司联系，以获得翻新房屋、支付住宿费用或建造新屋的机会。

3）课堂中的世界——保障儿童权利

课堂中的世界是加拿大联合国儿童基金会的一项方案，其目的在于：①激励加拿大教师及学生就人道主义和人权问题，尤其是儿童权利采取行动；②使加拿大学校能够优先采取注重权力教育的方法；③为教师提供现成的且促进参与的教学资源和工具；④与教育学院合作，以激励未来的教师采用尊重权利的教学法；⑤与在教育领域工作的各种组织合作，以促进支持、捍卫和保护所有儿童权利的教育方法。

4）不玩弄权利——促进儿童人权教育

这是一个由加拿大非政府组织Equitas专为6至12岁儿童开发的教育工具包，旨在通过各种游戏和活动宣传核心人权价值观，例如合作、尊重、公平、包容、尊重多样性、责任和接受。诸如"土星到木星"游戏，一组20名6至8岁的男孩和女孩在两个圆锥体（一个名为木星，另一个名为土星）之间相距20m的场地范围内进行比赛，当随着指令的发出，"所有T恤上有绿色的女孩都去木星""卷发或者戴眼镜的人都去土星"，孩子们据此跑到相对应的星球；当游戏结束之后孩子们围坐成圈，营地顾问就会问孩子们："有没有人在游戏过程中发现自己独自一人在一个星球上？""当你不知道要去哪个星球时，你感觉如何？""你们中有人在弄清楚应该去哪个星球时遇到问题吗？"等问题。通过这个游戏可以帮助孩子们理解他们之间尽管存在差异，但同时也存在许多相似之处，促进他们对人权平等的理解。

5）活动指南——规范儿童权利

加拿大公共卫生署和加拿大联合国儿童基金会编写了一份《儿童权利公约》的活动指南。加拿大公共卫生署的网站专门有一个部分提供有关国际儿童权利日和《儿童权利公约》的信息和资源，以帮助提高对儿童权利的认识，并宣传庆祝国际儿童权利日的方式。其中包括：

①与您的学校或社区共享教育资源；

②供父母和看护人与孩子分享的信息；

③供儿童探索的有趣链接以及彩色海报；

④一个解释年轻人享有的特殊权利的部分，以便他们能够发挥积极作用并帮助宣传国际青年日。

——Initiatives inspirantes en faveur des enfants

2.2.2 美国：增加城市空间的可玩性

> 游戏是儿童发展的最高阶段。
>
> ——德国教育学家福禄培尔

美国，位于北美洲中部，国土面积937万km²。领土还包括北美洲西北部的阿拉斯加和太平洋中部的夏威夷群岛。北与加拿大接壤，南靠墨西哥湾，西临太平洋，东濒大西洋。首都为华盛顿哥伦比亚特区，主要的城市有纽约、洛杉矶、芝加哥、休斯敦、费城、旧金山等。美国是一个高度发达的资本主义国家，拥有高度发达的现代市场经济，其国内生产总值居世界首位。截至2021年2月，美国人口为3.33亿，人口密度36.2人/km²，人均GDP约63004美元，虽然人口仅占世界总人口的4.2%，但它却拥有世界上29.4%的财富。

2020年8月12日，在一年一度的国际青年日庆祝活动上，美国联合国儿童基金会启动了儿童友好城市倡议。休斯顿、旧金山、明尼阿波利斯为首批响应的城市，连同马里兰州的乔治王子县，将实施这一为期两年的进程，以争取联合国儿童基金会的认可。截至目前，美国已经拥有许多优秀的儿童友好实践经验与研究成果，例如科罗拉州丹佛市通过将不同层级和规模、步行可达的儿童玩耍空间组成一个网络系统，形成了"见学地景"（Learning Landscape）；针对视力障碍型的家庭，旧金山探索馆Exploratorium、宾夕法尼亚大学博物馆Penn Museum提供了可触摸展品、可触摸地图等特殊服务；芝加哥市针对儿童的通学安全问题，于1997年推广"步行巴士"（Walking School Bus）计划。这些案例涉及儿童休闲娱乐、教育托育、人身安全、卫生医疗等方方面面。在这一系列优秀的案例中，像卡布（KaBOOM!）这样一个致力于拯救儿童玩耍的全国性非营利组织的运营模式和其提出的美国玩耍型城市认证尤为值得我们认真学习。

1）卡布在线网络平台www.kaboom.org

①丰富的案例借鉴：在官网上我们可以找到城市空间可玩性改造优秀案例，涉及街道、公园、公交站台、图书馆、社区中心等。

②多方力量的融合：平台包含资金捐赠设计优化、项目申请等多个维度的模块，聚合了爱心人士、专业人士、儿童父母、社区志愿者、政府官员等多方面的力量，可以让玩耍的需求方与供给方在平台上高效沟通。

③可玩型城市（Playful City USA）认证：通俗来讲，可玩型城市是指那些为儿童玩耍策划和城市空间支持作出卓越贡献的社区及城市。整个认证是为了促进申请城市形成基于5项承诺的申请流程与行动框架，协助当地使用玩耍美国的自评估系统，厘清当地的儿童玩耍资产和赤字，从而为当地儿童提供高质量、可达性强、数量充足的玩耍空间。在每年评选认证前，各地方须向美国可玩型城市评定委员会提交一份完整的申请表与申请材料。其中完整的申请表必须由申请城市的市长或城市经理签字完成，而申请材料中必须简要概述整个申请过程对于城市的儿童玩耍性提升有哪些促进作用，并提交一份与儿童玩耍性提升相关的经费预算，还有一份与城市玩耍日相关的公告及其相关活动报道和新闻简报。除此之外，最好附上和社区相关的数码照片与社区成员及相关机构的支持信。这一套规范化的流程是为了让单个城市关于城市空间的可玩性优秀实践为分散在全国的各个社区与城市所共享，可以相互促进提高。

2）移动玩耍地图（Mobile Map of Play）

在移动玩耍地图上，儿童和家长可以根据自己的所在位置在网站上找到最近的玩耍点，并可以在网络上发表自己真实的感受。专业人士还可以根据反馈进行改善优化，其他儿童家长则可以根据反馈决定是否前来。

3）玩耍空间探测仪（KaBOOM! Playspace Finder）

玩耍空间探测仪是一套自我评测工具，城市社区可以在国际数据库中记录、编辑、评估、优化他们的儿童玩耍空间。这些数据同时可以免费向普通市民开放。市民也可以在平台中与专家互动，记录自己的真实感受。

——营造城市空间的可玩性——从美国卡布平台到可玩型城市认证

无论种族、社会阶层及家庭收入如何，卡布都努力希望每个孩子都有享受童年乐趣的权利以及游戏带来的身体和情感益处的机会，结束游戏空间的不平等性！以社区为主导，20多年来，卡布已经建造或改进了17000多个游戏空间，吸引了超过150万社区成员，并为超过1150万儿童带来了欢乐。关注青少年的需求，尤其是有色人种社区中通过建造青少年专属空间来满足这一群体的归属感，努力实现各个年龄层次的儿童都能玩耍。努力实现哪里都可以玩耍（Play Everywhere），像人行道、公交车站、自助洗衣店或空地等都可以变成适合孩子们玩耍的好地方。基于卡布的数据，卡布艾迪尔斯42采用行为经济学的方法提炼出了三大提升城市空间可玩性的策略，它分别是：培养随处可玩的意识；让城市更具备家庭友好性；在转角创造街头型儿童玩耍空间。

KaBOOM! 城市空间案例

专栏
2-5

1）城市公园——莱克星顿：喷泉式水公园

美国肯塔基州的莱克星顿到了夏天，由于高温天多，市民们违反规定选择到Thoroughbred公园的公共喷泉玩耍。格尔工作室（Gehl Studio）调查发现市民对于拥有游戏和水的家庭友好型户外空间有潜在需求，于是东北部公园（Northeastern Park）的跳舞喷泉便应运而生。喷泉周围设施齐全：野餐桌、海滩伞、换衣间和厕所。这样一个小小的喷泉满足了夏天所有年龄段的人消暑的需求。

2）商业空间——新奥尔良：打发无聊时光的设施

新奥尔良的Lower Ninth Ward社区在飓风袭击之后重建工作落后，Urban Conga公司在公交站设计了一处"闲逛"空间，空间主题是一组高矮胖瘦不同的圆柱形鼓灯，整体呈现蓝色。当父母在附近的便利店或自助洗衣店忙碌时，孩子们可以来到这里打发等待时光。这样细微之处的设计就是对哪里都可以玩耍（Play Everywhere）理念的响应。

3）市政空间——夏洛特：市政中心游乐场

城市政府计划采用"战术城市主义"（tactical urbanism）将夏洛特梅克伦堡政府中心门口原本的混凝土广场以及一个老旧的喷泉改造为一个园艺空间和一个适合全年龄段人群的游乐场。游乐场设置了一些高大的乐高积木、圆桌、休息用的椅子、软沙发、呼啦圈等，色彩鲜艳。通过观察，我们发现孩子们在等待父母办事时会出现焦急情绪。为此，我们积极做出改变，它不仅满足了儿童的玩乐需求，也改善和加强了居民和政府的关系。

4）换乘空间——莱克星顿：趣味化交通换乘站

2012年，莱克星顿中心发展局（DDA）在交通换乘站设置了一个儿童艺术项目，称作"打破无聊"，这包括色彩鲜艳的车轮风车、地图和小汽车组成的游戏板、可以互动的LED装置，为无聊的换乘时光提供了玩耍的机会。它同样也适用于车站、航站楼、码头等公共空间。

5）城市道路——图森：生活化的街道

居住在图森Pueblo Gardens社区的孩子在去Pueblo Gardens小学上学的路上，缺乏明确的步行道、交通标识等，道路与交通安全成为当地备受关注的问题。生活街道联盟（Living Streets Alliance）组织社区居民用街头绘画和种植装饰道路，沿着人行道到学校的墙制作社区壁画，不仅达到了降低车辆行驶速度的目的，还美化了社区环境，激发了居民们的文化自豪感。

6）社区人行道——加利福尼亚：快乐巷子

旧金山的Telegraph Hill社区将人行道改造成为临时的游戏道路，命名为

"快乐巷"。路边墙上的黑板上有营养提示和社区居民之间的对话，居民们可以拿起粉笔分享他们的快乐，儿童可以根据地上的标识进行游戏。它不仅鼓励了儿童玩耍，还突出了步行的空间，减缓了交通速度。

——儿童友好型城市空间

2.2.3 伯利兹：可持续和儿童友好城市倡议

伯利兹，位于中美洲东北部，国土面积22966km²。北与墨西哥接壤，西和南与危地马拉毗邻，东濒加勒比海。首都为贝尔莫潘，主要城市有奥兰治沃克、圣伊格纳西奥、丹格里加等。伯利兹是一个发展中国家，以发展农业为主，工业不发达，高度依赖进口，对外贸易长期逆差。近年来，由于旅游业快速发展，并逐步成为支柱产业。截至2020年，伯利兹人口为41.7万人，人口密度17.4人/km²，是人口和人口密度最低的中美洲国家，也是西半球人口增长率最高的国家之一，人均GDP约3734美元。

可持续和儿童友好城市倡议（The Sustainable and Child Friendly Municipalities initiative，SCFM）于2014年在9个城市启动。SCFM根据每个参与城市的需求、期望和实践量身定制，旨在提高对儿童友好的认识并促进地方当局实施《联合国儿童权利公约》的活动。

SCFM倡议确保每个年轻公民享有的权利　　　　　　　专栏 2-6

1）能够影响决策；

2）能够自由发表意见；

3）能够参与到家庭、社区和社会生活中来；

4）能获得医疗、教育和住所的基本服务；

5）能喝到安全的水以及便利的卫生设施；

6）能够免受剥削、暴力和虐待；

7）能够拥有绿色和安全的休闲空间；

8）能生活在无污染的环境中；

9）无论种族、宗教、收入、性别或身体状况如何，都能平等地享受每项服务。

——The Sustainable and Child Friendly Municipalities initiative

与加勒比其他成员国一样，伯利兹目前正经历其历史上15至24岁人口最多的时期。虽然这一代年轻人面临着许多直接影响其身心健康和福祉的挑战和风险，但伯利兹如果对年轻人进行投资，就可以积累获得巨大的机会和利益，因为当这一代人开始工作时，劳动力人口将超过供养人口的数量，从而创造出一个人口红利的机会。因此，对政府以及对与它们合作的各国政府和发展机构而言，挑战就是制定出保障青年权利的政策和方案，又因为青年参与是确保青年发声的有效途径。儿童咨询机构（The Children Advisory Body，CAB）就是在这样的背景下诞生的一个青年群体，由9名年轻人组成，每个城市一名，他们必须是活跃在各市的现有组织或社区团体的成员。组建CAB的目的主要有两个，一是促进青年之间和评估小组之间的公开对话和交流，以便CAB能够就各种青年问题以及解决这些问题的战略机会和行动提供建议和建议；二是在预算编制周期内批准城市儿童友好预算。

大卫·克鲁兹的故事　　　　　专栏 2-7

大卫·克鲁兹（David Cruz）的人生故事就是坚韧信念、成功应对生活挑战的证明。

在16岁这个稚嫩的年纪，孩子们一般都在期待高中毕业，或者等待高校的录取通知书，而大卫在七年级辍学后就开始工作，他自己支付账单，承担成人的责任。2017年，大卫加入CAB，CAB为这些青少年们提供了参与社区的渠道。大卫在其中建议：如何使他们的社区更安全，对年轻人更有吸引力，以及如何清洁和装饰公园等。大卫将这样的活动描述为"生活中的一抹阳光"。

记录员吉米·莱斯利（Jimmy Leslie）说，自从大卫成为该组织的一员，他已经克服了自己的羞怯，自信和自尊都有所增强。吉米目前正与大卫合作，让他进入4H项目——一所农业贸易学校。这能够让他学习一些在小学没有完成的基础英语和数学。大卫还申请了蔬菜种植培训，这将使他在经济上更加独立。

——A force for change：How a shy boy became a champion activist

through CAB

2.3 大洋洲

2.3.1 澳大利亚：层级分明、覆盖全面的制度建设

澳大利亚，位于南太平洋和印度洋之间，国土面积769万km²。东濒太平洋的珊瑚海和塔斯曼海，西、北、南三面临印度洋及其边缘海，由澳大利亚大陆和塔斯马尼亚岛等岛屿和海外领土组成，是世界上唯一国土覆盖一整个大陆的国家，因此也称"澳洲"。首都为堪培拉，主要的城市有墨尔本、布里斯班、珀斯、阿德莱德、菲利普港等。澳大利亚是一个高度发达的资本主义国家，是南半球经济最发达的国家和全球第12大经济体、全球第四大农产品出口国，多种矿产出口量全球第一的国家。截至2020年9月，澳大利亚人口为2569万人，人口密度3.3人/km²，人均GDP约56141美元。

澳大利亚各级政府制定了层级分明、覆盖全面的建设制度，保障儿童友好型城市建设从战略——导则——规划——行动的层次落实。联邦政府制定关于儿童权利保护和涉及儿童福利的政策和指引，先后发布《什么是儿童友好社区以及如何建设》《儿

童保育设施规划和建设指引》等文件，形成全国性的建设指引。州政府负责制定行动导则，地方政府则负责在各项规划中落实，如维多利亚州地方政府出台了《维多利亚州儿童友好城市和社区宪章》和《维多利亚州儿童友好工具包》，提出了针对性明确的建设行动步骤。城市政府制定规划落实儿童友好城市建设要求。在维多利亚州，每个地方政府都需要有一项幼儿市政规划（Municipal Early Years Plan），来发展和协调为0～6岁儿童提供的服务设施。在这一过程中特别强调多方协同、共同缔造、共建共享的社区规划过程和创造条件保障儿童参与的过程，最终融入社区平台并作为基本单元开展儿童友好环境建设。

澳大利亚菲利普港市"绿灯工程"

专栏
2-8

菲利普港市在地方咨询和政策发展战略中吸纳年幼（学前）儿童的观点做出了探索，开展了名为"绿灯工程"的实践。该战略努力要实现的目标被概括为："一个地方，那里的儿童有清新的空气和可探索、可利用他们的想象力，并鼓励他们面对自然界挑战的开放空间；还可以安全地沿着街道行走及乘交通往来于各个地方；也有玩耍的自由并创造属于他们的世界形态等。

针对社区咨询中提到的关于运动场、交通、行人健康和安全的具体问题，菲利普港市与墨尔本大学的"幼年期公平与创新中心"合作，从事早期儿童教育的工作人员咨询了4～8岁的儿童。即使是处于如此小的年龄段，儿童已能够非常清晰地表达与其居住环境相关的需求及愿望。例如一个4岁的孩子说："我喜欢去服务站和音像店"；另外一位4岁的孩子说："我喜欢去药店、咖啡厅、公园和超市，有时喜欢去书店"。一些孩子谈到了公共环境中自然景观的重要性。例如一个5岁的孩子说："几乎所有的咖啡厅都没有那种你在想象中能看到五颜六色鲜花的花园"。其他孩子提到了公园是约见朋友的场所以及作为"可以奔跑的大空间"的重要性。一些孩子抱怨交通——

"我们玩耍的地方不要再有汽车了""（学校所在的）街道上有很多嘈杂的汽车"——另外几个孩子谈到了分隔开的自行车道以及对儿童进行道路安全教育的重要性。还有一些孩子则抱怨公共空间中的"狗屎"、涂鸦和注射器。这个咨询过程将有其他团体参与进来，包括年龄稍大的儿童，为自治市的10年战略规划及健康计划和其他政策提供信息。菲利普港的实践案例展示出微观尺度实践研究和咨询，以及宏观尺度的澳大利亚的政策是怎么样让儿童实现献言献策的。

——促进儿童独立活动性的政策与实践

2.3.2 新西兰：克里斯特彻奇：让孩子建造城

新西兰位于太平洋西南部，由南岛、北岛及一些小岛组成，南、北两岛被库克海峡相隔。南岛邻近南极洲，北岛与斐济、汤加相望，西隔塔斯曼海与澳大利亚相对，总国土面积约27万km²。截至2020年12月，总人口约511.2万，其中，欧洲移民后裔占70%。人口密度18.3人/km²，人均GDP约9130美元。首都惠灵顿，主要城市有奥克兰、基督城、克里斯特彻奇等。新西兰是一个高度发达的资本主义国家，世界银行曾将新西兰列为世界上最方便营商的国家之一。产业以农牧业为主，农牧产品出口约占出口总量的50%。羊肉和奶制品出口量居世界第一位，羊毛出口量居世界第三位。

"花园之城"克里斯特彻奇是新西兰第三大城市，然而它的领导者发现，这个现代化的城市出现了一些问题。"这一代成长着的孩子们，都认为城市的中心是卡顿购物中心或者棕榈酒店，而不是公园和教堂。"克里斯特彻奇的城市议员Vicki Buck如是说。于是，议会很快通过了建设"儿童友好型城市"的计划，并于2014年成立了CFCI框架下的儿童友好城市机构。该机构囊括16个政府和非政府组织，与议会一起共同推进城市建设和制度设计对孩子"更友好"。

城市规划师们坚信，城市的设计会直接或间接地影响孩子们的成长。比如，城市规划中的不当设计可能增加孩子的肥胖发生率，因其没有提供足够的公共活动空间，以及变相鼓励了久坐不动的城市生活方式。

而孩子们到底想要怎样的城市、到底应该拥有怎样的城市？克里斯特彻奇采用了最直接、同时也是最有效的方式，让孩子参与到儿童友好型城市的建设过程中来——"接触式规划"：他们选择了加拿大布里奇曼教授关于儿童友好型城市参与式规划的研究成果，让孩子们回答特定的问题，以及亲自动手写写画画，以便获得他们关于城市的意见。

克里斯特彻奇的儿童友好城市机构和研究人员选择了两组孩子，一组是7～8岁的小学生；另一组是13岁左右的中学生。他们组织了一项"接触式规划"的儿童参与活动。

首先，他们向孩子们介绍什么是"儿童友好型城市"，并告知他们：城市议会和CFCI将与孩子们共同建设自己的城市。随后他们根据设计好的问卷，向孩子们提问，并且为孩子们提供城市的各种信息，深入浅出地解答城市规划的各种专业知识，并帮助他们作出正确的选择。问题的设计非常地详细且人性化。比如，问卷第一个问题："你希望走在怎样的步道上？"孩子们的回答涉及喜欢的步道材料、颜色，通往的目的地，路边的植物，以及是否配有风雨廊、自行车绿道等。活动的最后还有5个小问题，询问孩子们对于本次活动的看法，包括问卷的难易程度、是否喜欢这个活动等，并为下一次活动提供优化和完善的参考。

2.4 亚洲

2.4.1 印度：班加罗尔Close Park——创建所有儿童都能进入的游戏空间

印度，南亚次大陆最大国家，国土面积298万km^2。东北部同中国、尼泊尔、不丹接壤，孟加拉国夹在东北国土之间，东部与缅甸为邻，东南部与斯里兰卡隔海相望，西北部与巴基斯坦交界。东临孟加拉湾，西濒阿拉伯海，海岸线长5560km。首都为新德里，主要城市有孟买、加尔各答、金奈、班加罗尔、海得拉巴、昌迪加尔等。印度是世界第二大人口大国，也是金砖国家之一。其经济产业多元化，涵盖农业、手工艺、纺织和服务业，是全球软件、金融等服务业最重要出口国，也是全球最大的非专利药出口国，其侨汇世界第一。截至2021年2月，印度总人口为13.24亿人，人口密度464.1人/km²，人均GDP约2104.1美元。

位于班加罗尔的Close Park是由Kilikili基金会主导完成的一座公园，是一座专门为残疾儿童打造的公园，旨在加快残疾儿童的治疗和康复，并增加其参与社会互动的机会。Kilikili（在卡纳达意味着儿童的欢笑）是一个注册信托基金，主要成员为特殊儿童的父母，并得到专业人士的支持。基金会创建的目标在于创造包容性的游戏空间，确保无论儿童的能力如何，都将使用儿童游戏空间。

班加罗尔是印度南部城市，卡纳塔克邦的首府，印度第三大城市，人口约1050万人。由于高科技公司不断在该城市聚集，班加罗尔被誉为"印度的硅谷"。同时，班加罗尔还享有"花园城市"的美誉。尽管如此，在Close Park出现之前，作为花园城市的班加罗尔没有一个公园可供残疾儿童使用，尽管有些公园或游乐场可能设置了坡道或平坦的小路，但没有一个公园或游乐场是专为有特殊需要的儿童设计的。Close Park正是Kilikili基金会在班加罗尔为残疾儿童专门打造的户外空间。

游戏对儿童的重要性是不言而喻的，而其对于残疾儿童的治疗和康复作用却在一定程度上被忽视。2006年，在几位家庭志愿者的努力下，印度班加罗尔的Coles Park在Kilikili基金会的支持下被改建成了具有包容性的、可被残疾儿童使用的公园。Coles Park的改造主要包含3个内容：一是设置了许多可供残疾儿童使用的游乐设施，包括贯穿整个公园的轮椅坡道、有侧面保护的旋转木马和滑梯、公园大门口的斜坡、专给残疾儿童使用的轮椅沙坑、有安全座椅的秋千等；二是设置了针对残疾儿童治疗和康复的专门设施，公园专为残疾儿童修建了一个感官整合轨道，帮助儿童处理和整合通过视觉、触觉、声音、重力和身体意识接收到的信号，以帮助儿童能够正常应对各种刺激；三是开展了促进残疾儿童社会交往的活动，通过举办一些残疾儿童的夏令营和活动，在帮助残疾儿童发展大动作和精细运动技能的同时，也让残疾儿童能够有机会进行社会互动，同时还让更多的残疾儿童家庭了解和使用这些公园，最终促进残疾儿童的健康成长。

2.4.2 日本：新雪谷町——政策先导与儿童参与机制建构并重

日本，位于太平洋西岸，是一个由东北向西南延伸的弧形岛国，陆地面积约37.8万km²，包括北海道、本州、四国、九州四个大岛和其他6800多个小岛屿。西隔东海、黄海、朝鲜海峡、日本海与中国、朝鲜、韩国、俄罗斯相望。首都为东京，主要的城市有大阪、横滨、名古屋、神户、福冈、京都、札幌、仙台、广岛等。日本是一个高度发达的资本主义国家，世界第三大经济体，G7、G20等成员，其科研、航天、制造业、教育水平均居世界前列，以动漫、游戏产业为首的文化产业和发达的旅游业也是其重要象征。截至2020年12月，日本总人口为1.26亿人，人口密度346.9人/km²，人均GDP约50343美元。

日本的儿童友好型城市建设采取了法律和政策先行的模式：在国家尺度上，早在2004年便颁布了《儿童权利公约》，强调要保障儿童权利，提倡将儿童看作具有人类尊严和基本人权的行为主体；在城市尺度上，新雪谷町通过制定《城镇建设基本条例》，明确规定20岁以下的儿童和青年享有参与城乡规划项目的权利，旨在促进儿童通过参与社会事务实现健康成长。

在法律和政策先行的基础上，日本于2018年开始启动儿童友好型城市建设试点，试点城市包括了新雪谷町、阿比拉、富宫、町田和奈良五个城市。其中，新雪谷町在具体制度设计中设立了由小学生、初中生构成的"儿童社区发展委员会"，专为当地儿童接触、思考城市的发展提供机会，以此提升儿童参政议政的意识与能力。"儿童社区发展委员会"成员来自政府每年的公开招募，最终名额为10人，他们会参观考察社区，并以儿童视角挖掘社区问题并提出实施建议。此外，新雪谷町每年都会举办儿童议会，议会邀请镇长和相关部门官员参加。儿童代表通过议会与政府官员展开对话，逐一落实"儿童社区发展委员会"提出的建议。随后，针对儿童议会提出的问题，"儿童社区发展委员会"也会就相关问题进行讨论与研究。

2.4.3 韩国：以国际认证为抓手，自上而下全面推广的CFC建设

韩国，位于东亚朝鲜半岛南部，国土总面积约为10.3万km²。韩国东、南、西三面环海，西濒临黄海，东南是朝鲜海峡，东边是日本海，北面隔着三八线非军事区与朝鲜相邻。首都为首尔，主要的城市有釜山、仁川、蔚山、大邱、大田、光州、水原、济州市等。韩国是一个资本主义发达国家，是APEC、世界贸易组织和东亚峰会的创始成员国，也是经合组织、二十国集团和联合国等重要国际组织成员。韩国的产业以制造业和服务业为主，半导体、电子、汽车、造船、钢铁、化工、机械、纺织、化妆品等产业产量均进入世界前10名。截至2021年3月，韩国总人口为5200万人，人口密度527.13/km²，人均GDP约31800美元。

韩国联合国儿基会国内委员会（Korean Committee for UNICEF，KCU）在日本考察结束后，于2013年快速启动了儿童友好型城市认证工作，首尔城北区成为韩国正式获得联合国儿基会认可的第一座儿童友好型城市，成为韩国启动儿童友好型城市倡议（CFCI）的试点项目。随着越来越多的地方政府表达了对CFCI的兴趣，KCU自2015年起在全国正式全面推广CFCI。

目前，韩国有38个城市获得CFC认可，包括道峰、江北、江东、江西、金川、九老、广津、钟路、芦原、西大门、城北、城东、松坡、盐川（首尔区）、釜山、金井（釜山区）、东、徐（区）光州、儒城（大田自治市）、东徐（仁川自治市）、光明、水原、始兴、乌山、华城、龟尾、荣州、世宗、光阳、顺天、群山、完州、全州、唐津、牙山、阴城和忠州。除此之外，另有110个地方政府正在试图创建儿童友好型城市。预计在不久的将来，获得CFC认证的城市还将继续增长。由于低出生率和人口老龄化，城市渴望吸引有孩子的年轻家庭，以保持当地的活力和人口平衡。许多市长认为创建儿童友好型城市是树立积极形象的一种方式。韩国这种自上而下积极推进国际CFC认证的儿童友好型城市创建模式，在全社会形成了积极的社会氛围，促进了儿童友好型城市事业的全面发展。

　　儿童权利的宣传：Seongbuk是历史最长的儿童权利中心，它为市政工作人员、地方政府雇员、社会工作者和学校雇员制定了一项儿童权利教育培训计划。该培训由3个课程组成，每个课程4小时，并使用了非常交互式的方法。Seongbuk还开发了自己的CFCI标识，它出现在市政厅入口处，以及大量的街道横幅、各种市政文件和工作人员的名片上，这有助于使CFCI可见。

　　儿童参与：Wanju目前正在设计一系列旨在促进儿童参与的举措。2016年5月5日，正值韩国儿童节，学生委员会正在成立并正式启动。它由24名8～10岁的学生组成。与此同时，正在青年中心下设立一个青少年参与委员会。该计划是在2016年6月开设一所"儿童理事会学校"，为理事会成员提供关于如何表达自己的意见并将其反映在决策中的培训课程。此外，还将举办一个聚集儿童和青少年以及该市市长和官员的政策讨论论坛。目的是达成一项联合协议。最后，由于与当地媒体的合作，当地新闻将每月刊登一份由理事会成员儿童记者撰写的报道。记者将充当儿童的代言人，撰写文章并提高对儿童问题和关注的认识。在万州，市政府在建造游乐场之前与孩子们进行了为期两天的协商，以征求他们对自己希望在游乐场上拥有的10个项目的意见，其最终设计包含了他们的意见。

　　儿童平等：据报道，城北是第一个在每个"街区"（相当于20～3万名居民的行政单位）雇用负责确保儿童福利的社会工作者的城市。正式职称是"儿童青少年福利规划师"。他们的作用是确定需要特定服务的儿童和家庭，并为他们参与相关计划提供便利，确保边缘化儿童权益的获得。

　　社会支持： 在万州，市政府从一家大型韩国公司获得资金，建立了一个玩具图书馆。它还与非政府组织"好邻居"（Good Neighbour）和现代汽车（Hyundai Motors）合作，在犯罪率较高的地区安装公共照明系统，以提高居民的安全指数。该公司最初与市政当局接触，寻求机会为有意义的儿童项目提供资金。市政当局方便了同非政府组织的接触，非政府组织为项目提出了建议，从而达成了一项三方协定。

——The Child-Friendly City Initiative in the Republic of Korea

---

2.5 南美洲

2.5.1 巴西：城市中心平台倡议

　　巴西，位于南美洲东部，国土面积851.49万km²。北邻法属圭亚那、苏里南、圭亚那、委内瑞拉和哥伦比亚，西界秘鲁、玻利维亚，南接巴拉圭、阿根廷和乌拉圭，东濒大西洋。首都为巴西利亚，主要的城市有圣保罗、里约热内卢、萨尔瓦多、累西腓、贝洛奥里藏特等。2020年，巴西的经济实力居拉美首位，世界第12位，农牧业发达，工业基础雄厚。截至2020年，巴西人口为2.1亿人，人口密度25.4人/km²，人均GDP约6935美元。

　　2008年，巴西联合国儿童基金会在里约热内卢和圣保罗首次启动了城市中心平台（Plataforma dos Centros Urbanos，PCU）倡议。该倡议4年为一个周期，目标旨在促进和保护受城市内部不平等影响最严重的儿童权利，具体解决4个问题：减少青少年杀人率、减少校园暴力、促进幼儿发展、保障青少年性与生殖权利。

　　巴西政府明确了儿童应享有的五大权利，即生存与发展权利、无暴力环境成长权利、早孕青少年权利、学习权利、安全和包容性运动权利，并相应提出了具体指标来监测与评估各个城市的建设状况。

1）儿童参与

巴西"儿童和青少年法"规定，在市、州和国家一级设立儿童和青少年权利理事会，在制定公共政策时有意识地考虑青少年的建议。此外，《青年规约》中也规定了青年享有充分参与决策的空间。

2）教育教学

政府出版了《教育素质指标汇编》，制定了一套专门的指标体系来评估学校教育服务水平，同时还设有伊塔乌-儿童基金会奖，促进社会组织与公立学校之间的合作关系，共同开展综合教育项目。

3）儿童健康

实施婴儿周，并在巴西联合国基金会支持下开展母婴健康项目。

——儿童友好型城市建设：发展中国家经验及其启示

2.5.2 阿根廷：开展50个城市试点

阿根廷，位于南美洲东南部，国土面积278.04万km²。东濒大西洋，南与南极洲隔海相望，西邻智利，北与玻利维亚、巴拉圭交界，东北与乌拉圭、巴西接壤。首都为布宜诺斯艾利斯，主要的城市有罗萨里奥、拉普拉塔、马德普拉塔、门多萨、科尔多瓦等。阿根廷是拉美地区综合国力较强的国家，工业门类较齐全，农牧业发达。截至2020年，阿根廷人口为4537.7万，人口密度为16.5人/km²，人均GDP约11653美元。

阿根廷联合国儿基会于2021年8月启动一个新的国家方案，该方案的主要组成部分之一是推出适合当地情况的儿童友好城市倡议，其主要目标是改善儿童的福利和缩小地方一级行使权利方面的差距。此倡议目前处于设计阶段，计划在2021—2022年期间在50个城市开展试点。

阿根廷18岁以下青少年和儿童占总人口达29%，而且几乎一半的儿童生活在贫困之中。基于此，巴西通过儿童普遍津贴（Asignaciones Universales por Hijo，AUH）这项措施为儿童提供基本生活保障。

儿童普遍津贴的介绍

专栏
2—11

1）领取儿童普遍津贴有什么要求?

①父母必须是失业者，或者是未注册的工人，或者是家政服务人员。

②儿子或女儿不得有工作，或获得家庭津贴法规定的任何福利。

③儿子或女儿以及父母或监护人必须是阿根廷人，居住在该国并拥有国民身份证。如果他们是外国人或外来入籍者，他们必须在该国居住2年并持有身份证。

④必须对4岁以下儿童进行健康控制和疫苗接种。必须证明他们从5到18岁遵守了卫生控制、接种疫苗和参加公立教育机构的规定。

2）谁可以领取儿童普遍津贴? 它也只能由一人获得:

①未成年人的父亲或母亲；

②或者是未成年人的监护人；

③或者是残障人士的监护人；

④或者是血缘关系至三代的近亲。

3）如何支付儿童普遍津贴?

ANSES每月支付80%的金额。剩余的20%在以下情况下收取：证明4岁以下的儿童已遵守卫生控制和强制性疫苗接种计划。如果他们已达到学龄，则证明卫生控制、疫苗接种计划和相应的学年；如果没有得到证明，则损失20%的分配金额。

——Asignación Universal por Hijo

2.6 非洲

2.6.1 塞内加尔:"爱幼地区"倡议推进儿童权益落实

塞内加尔共和国,简称塞内加尔,位于非洲西部凸出部位的最西端,北接毛里塔尼亚,东邻马里,南接几内亚和几内亚比绍,西临佛得角群岛,国土面积196722km^2。塞内加尔系最不发达国家,以农业为主,但经济门类较齐全,三大产业发展较平衡。截至2020年,塞内加尔人口为1630万,人均密度为87人/km^2,人均GDP为1484美元。

2011年,联合国儿基会与区域发展与管理部、地方选举协会、区域发展机构、当地非政府组织共同提出并启动儿童友好"爱幼地区"倡议(Collectivité Territoriale Amie des Enfants),旨在建立改善儿童福祉的集体。该倡议总体目标在于全面提升当地人的儿童权利认知,提升在"儿童友好"方面的计划、预判及适应能力,并及时跟踪当地儿童福祉落实情况,为地方政府响应儿童及青年需求、制定并执行相关地方政策提供了框架。具体而言,要成为儿童友好的领土集体,就必须采取以下措施:

1)建立地方儿童代表机构,例如理事会;

2)制定对儿童友好、支持儿童参与的行动计划;

3)制定儿童健康、教育、保护等状况指标体系;

4)评估预算和规划过程。

目前,有52个集体参与该计划,约占塞内加尔所有集体的10%。该计划在地方规划及财政预算编制中优先考虑儿童权利,通过地方政府及公民直接参与决策,增加两者之间的交流与信任。

联合国儿基会为塞内加尔应对新冠疫情提供全面支持 　专栏
2-12

塞内加尔是西非受新冠肺炎打击最严重的国家之一。2020年12月第二波大流行开始，并于2021年2月中旬达到高峰，每日确诊病例超过460例。截至2021年4月27日，确诊病例40193例，死亡1106例，病死率为2.75%。新冠肺炎在塞内加尔的蔓延，大大增加了本就脆弱不堪的公共服务压力，深刻影响了儿童这一弱势群体，尤其是贫困地区的儿童。为保障儿童基本生存权益，联合国儿基会在塞内加尔采取了多项措施：

提供新冠疫苗、医疗设备、家庭护理培训等医疗支持。一是为塞内加尔捐赠新冠疫苗。2021年3月3日，即首例新冠病例确诊一年后，塞内加尔在联合国儿基会的支持下，通过COVAX计划收到了第一批324000剂阿斯利康疫苗；2021年第二季度将再交付100万剂疫苗，随后将在2021年全年交付其他新冠疫苗。二是扩大目标地区医疗保健机构的新冠治疗可及性，通过SPRINT计划，在科尔达、蒂斯和达喀尔的5个目标地区，为157家医疗机构发放阿莫西林药片，为64家医疗机构配备新型氧气设备，为425名医护人员提供培训。三是为塞内加尔应对新冠疫情提供技术支持，开发针对新冠病例的家庭护理培训模块，并在全国培训80名家庭护理培训师。

呼吁世界各国进行资金援助。为帮助塞内加尔的儿童群体能够实现重建，联合国儿基会呼吁捐助1620万美元，以维持儿童和弱势群体生存及生活。迄今为止，已收到来自合作伙伴——中国、美国（USAID）、日本、加拿大、韩国（KOICA）和英国（FCDO）政府等在内的440万美元（占申请资金的27%）。另外，塞内加尔联合国儿基会积极推进私营部门、民间社会、青年领导的非政府组织之间的接触，如万事达卡基金会、赛诺菲、Rovio和塞内加尔红十字会，以持续保障这段困难时期的儿童权利。

促进儿童身心状况改善。为避免新冠肺炎威胁儿童身心健康，同时也要规避暴力、虐待、剥削等风险，联合国儿基会已采取多项措施以促进塞内加尔儿童身心状况改善。通过支持政府提供即用治疗食品，以降低儿童死亡率；倡导卫生当局继续落实"为6～59个月的儿童提供维生素A补充剂"的行动，以保障儿童健康状况。对此，中国提供了100万美元帮助改善营养不良儿童状况。中国驻塞内加尔大使肖汉先生说："中国致力于与联合国儿基会密切合作，确保这笔资金顺利使用，造福塞内加尔儿童。"同时，联合国儿基会与塞内加尔红十字会合作，为受新冠疫情影响的200多名儿童、283个家庭提供社会心理支持。自2021年1月以来，已为438名没有父母照顾的儿童、184名遭受家庭暴力的儿童受害者提供了社会、法律和医疗保健服务。

保障儿童受教育的权利。为保障新冠疫情期间塞内加尔的儿童教育，联合国儿基会支持塞内加尔政府及公立学校恢复正常教学秩序，并向学校发放防护用品；同时，支持塞内加尔教育部及卫生部开展的安全教育活动，制作并传播安全教育视频。在2020年学校停课期间，塞内加尔在联合国儿基会的支持下部署远程学习方案，以弥补儿童学习损失。2021年1月至4月，联合国儿基会向3244所公立小学和初中提供洗手装置和卫生包，使648800名学生受益；向农村社区儿童提供基本学习用具，使5万名儿童受益；倡导教育部监测新冠疫情对儿童学习成绩及辍学的影响。

加强疫情防控信息传播。为保障新冠疫情防控信息的有效传播，使儿童及其家人获得免受病毒感染的可靠信息，联合国儿基会与塞内加尔红十字会合作，积极推进社区志愿者行动，以加强信息沟通并发放防护用品。自2021年1月以来，460名志愿者接受了疫情风险沟通及社区参与方面的培训，进行了5520次家访，为1000个家庭提供了洗手包，还发放口罩、消毒凝胶、手套等个人防护用品。同时，促进了个人及家庭与社区之间的对话。自新冠疫情暴发以来，该项行动已覆盖全国1247893人。

监测社会基本服务需求变化。为准确把握新冠疫情期间社会基本服务需求变化，联合国儿基会联合塞内加尔国家统计局开展在线调查，建立社会基本服务需求实时监测机制。目前，已收集基础教育（学校停课期间的教育延续性、重新开放学校后家庭送孩子返校的意愿）、社会保护、出生登记、虐待儿童等信息，为联合国儿基会、塞内加尔政府以及儿童相关部门制定应对决策与采取措施提供依据。

提高公众卫生意识、改善公共卫生环境行动。为支持塞内加尔卫生局开展新冠疫情防控，联合国儿基会通过培训卫生工作者、提供预防信息、分发物资等措施，以提高公众卫生意识、改善公共卫生环境。例如为120名卫生官员、300名卫生志愿者、238名医疗保健人员提供卫生和预防措施方面的培训；在卫生机构、隔离中心和其他高风险场所安装974个大型公共肥皂洗手台；向有阳性病例/接触病例的家庭分发4018个小型塑料洗手包，并为受援家庭举办提高防范意识的会议；对12617所房屋、3037个卫生设施、隔离中心、其他公共场所，以及3497所古兰经学校和公立学校进行消毒；共336237人收到了关于预防措施的信息。

——儿童友好型城市官网

2.6.2 几内亚：以社区为基本单元推进儿童权益落实

几内亚位于西非西岸，北邻几内亚比绍、塞内加尔和马里，东与科特迪瓦、南与塞拉利昂和利比里亚接壤，西濒大西洋，国土面积245857km²。几内亚行政区划分为大区、省、专区三级，共七大区及首都科纳克里市（与大区同级），33个省、304个专区。几内亚系最不发达国家，以农业、矿业为主，工业基础薄弱，粮食不能自给。据联合国开发计划署公布的《2020年人类发展报告》，几内亚55.2%的人口生活在贫困线以下，240万居民无法解决温饱问题。截至2019年，几内亚总人口达1280万人。2020年，几内亚人口密度达53.4/km²，人均GDP约1141美元。

2018年4月，几内亚政府、经济及社会理事会、全国市长协会、全国委员会共同启动了"社区融合"的国家方案（Programme National d'Appui aux Commudes de Convergence，PNACC），旨在提高妇女及儿童获得基本社会服务的机会。参与该计划的城市当局通过制定行动计划、编制预算，建立监测及评估机制，重点关注与免疫接种、社区卫生服务、营养、民权、教育、社区治理、社区参与等14个儿童关键领域。设立儿童和家庭地方委员会以促进儿童权利落实，并以社区青年领袖以及儿童俱乐部为媒介提高社区乃至全社会对儿童权利的认识。

目前，几内亚7个地区的40个市（公社）参与"社区融合"试点，覆盖几内亚约11%的儿童，成员城市均建立了幼儿教育服务体系。同时，通过部署1850名社区外展人员、143名卫生人员，落实社区卫生政策。计划至2022年完成试点建设，以建立可全国推广的"社区融合"模型。

儿童阅读角

专栏
2-13

科纳克里是几内亚首都，也是几内亚最大的海港城市，位于大西洋沿岸，由罗斯群岛、卡卢姆半岛及其沿海陆地组成。科纳克里始建于1895年，是几内亚的政治、经济及文化中心。

2019年10月2日，在联合国儿基会的资金支持下，科纳克里花园的儿童读书角成立，为几内亚儿童接触书籍、阅读世界打开了一扇窗户。"对儿童来说，获得阅读及写作能力并不容易，尤其是学校教学语言并非母语。这时，儿童读物对于他们来说是至关重要的。通过阅读，孩子们可以了解、畅游世界，也可以充分发挥、发展想象力，而创造力将为国家未来发展、个人职业生源奠定坚实的基础"，联合国儿基会代理代表Guy Yogo博士说到。

对于联合国儿基会的资金支持，共和国第一夫人Hadja Djènè Kaba Condé给予高度赞扬，并希望在科纳克里全市乃至全国县城城镇推广儿童读书角。未来，这座儿童阅读角将成为几内亚儿童议会所在地。目前，已成立由PROSMI基金会（促进母婴健康）、几内亚儿童议会、科纳克里世界图书资本委员会和联合国儿基会代表等组成的委员会，管理和维护儿童阅读角。

——几内亚联合国儿童基金会官网

2.6.3 莫桑比克："可持续儿童友好城市"倡议推进儿童权益落实

莫桑比克位于非洲东南部，南邻南非、斯威士兰，西界津巴布韦、赞比亚、马拉维，北接坦桑尼亚，东濒印度洋，隔莫桑比克海峡与马达加斯加相望，国土面积799380km²。莫桑比克是联合国宣布的世界最不发达国家和重债穷国，以农渔业为主，工业增加值占国内生产总值比重约24%，独立后因受连年内战、自然灾害等因素的影响，经济长期困难。联合国发布的《2019年人类发展报告》显示，2018年莫桑比克人类发展指数为0.456，位列189个国家中的第181位。截至2019年，莫桑比克人口为3040万人。2020年，莫桑比克人口密度为39.7人/km²，人均GDP为447美元。

2017年6月，马甘贾达科斯塔、马尼亚卡泽、马普托（首都）、蒙特普埃斯、克利马内、奔巴和里博埃七个城市启动"可持续儿童友好城市倡议"（Cidades Sustentáaveis Amigas das Crianças）。该倡议由联合国儿基会牵头、联合国人居署提供活动支持，莫桑比克全国市政协会（ANAMM）与米兰、雷焦艾米利亚两个意大利城市开展技术合作。该倡议的总体目标是：加强政府及社会组织的儿童权益认知，支持政府制定促进所有公民，尤其是儿童福祉的地方政策，结合财政、人力等现有资源，制定儿童营养、教育、参与及治理方面的行动计划。

在项目周期结束时，依据行动计划标准对实施成果进行评估，包括：评估儿童营养、教育、参与及治理三个重点领域的进展情况；评估与公共政策、社会参与相关的行动实施情况；以上3个重点领域的每个领域中，至少实施两项行动的政府，将被认证为可持续儿童友好型城市。

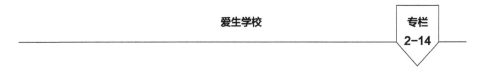

爱生学校　　　　　　　　　　　　　　　　　　　　专栏
2-14

　　加沙省Chibuto区的Ngungunhane学校参与了"爱生学校"计划，学校老师接受了该计划的教师培训，间接提升了学生的阅读及写作能力。
　　"以前，我们经常遇到三年级的孩子不会读、写的情况。现在，即使是二年级的学生，也不再会面临读写问题了，""通过'爱生计划'的教师培训，我们学习了新的教学理论及方法，显著提高了孩子的学习能力，"学校副校长Nausone Moiane说。

在一个多数人每天生活费低于1美元的国家，在一个连温饱都时常难以解决的城市里，"爱生学校"倡议给孩子们带来丰富的精神食粮，开阔了儿童的眼界，知道了世界的绚烂，明白了该怎样努力才能创造未来，而这正是"爱生学校"产生的最大意义。

——联合国儿基会《莫桑比克儿童友好学校故事》

2.7 小结

由于各国所处发展阶段和社会文化存在差异，CFCI并没有统一的建设标准，而是在联合国五大目标指引下，鼓励每个国家灵活制定符合自身特点的战略目标和实现路径，并分阶段推进实施。从各地倡议内容来看，各国的侧重点各有不同，高收入国家注重提高儿童身心健康、完善高品质生活环境、促进儿童社会参与等方面；而中等收入或低收入国家则更为注重减少青少年犯罪、增加更多的基础设施和完善社会服务等方面。

立足我国发展实际。根据国际儿童友好型城市建设的目标框架，借鉴不同城市在儿童友好型城市体制机制建设、规划编制、标准制定和特色项目建设等方面的成功经验，针对我国当前儿童友好型城市建设存在的法律法规缺失、政策体系不完善、基本公共服务有短板等问题提出解决方案，并制定符合我国国情和发展阶段的儿童友好型城市建设目标和路径。

实际上对儿童关怀应该是贯穿及影响他们一生的。他们在关怀下来到人世间，并公平地获得上学的机会，牵手安全上学，在游戏中学习和成长、在参与中实现自我。让孩子们成长得更好，这是全社会的心愿。儿童事业关乎今天，也关乎未来。打造儿童友好型城市，尊重儿童独立人格，使尊重儿童、爱护儿童成为社会成员的价值共识。

第3章

为什么要建设儿童友好型城市

> 如果你看见一个孩子在假期中，
> 在操场上独自玩耍，
> 你就看见了，渴望。
>
> —— [以色列] 阿米亥《操场》节选

随着城市迈向重品质、重人文的新阶段，"儿童友好型城市"这一更高层次的人本主义城市发展理念被提出，立足于儿童的全面发展，从城市整体层面思考如何保障并落实儿童权益。城市是儿童迈出家门后的必然接触环境，对儿童亲近自然、接触社会，以及在自然和社会里成长，担负着无法推卸的责任，而一座能够对儿童童年担负责任的城市，无疑是伟大的城市。

3.1 中国建设儿童友好型城市的必要性

3.1.1 为国家培育未来

每一代儿童，都将接过国家发展的接力棒，成为推动国家不断走向独立、富强、民主、自由、进步的中流砥柱。儿童能够茁壮成长，国家的发展也势必会绵延长久。百余年前梁启超先生以《少年中国说》，深刻道出了国家发展与儿童个体之间的紧密关系，一个国家的智慧、富裕、强大、独立、自由和进步，取决于一代代儿童的人格素养。童年的成长过程，小的关乎一个人的人生，大的关乎一个国家民族的童年成长和教育形态，以至该国家民族民众日后的文化素质和生存价值，正如陶行知先生所说，"今日之学生，就是将来之公民。将来所需之公民，即今天所应当养成的学生"。一个拒绝为其儿童提供健康和快乐的国家并不是富有的，它本质上是残忍的，它偷走了自己的未来。儿童在城市中所遭受的"攻击"，意味着社会在渐渐失去再生能力。可以说，儿童是一个国家拥有未来的前提条件。

儿童是人口红利的晴雨表，儿童人口比重是判断国家经济发展潜力的重要指标。2015年10月，我国全面实施"二孩政策"，国民人口年龄结构得到改善。第七次人口普查显示我国儿童人口比重回升，"二孩政策"取得积极成效。2021年5月31日，我国全面推行"三孩政策"，以进一步改善我国人口结构、落实积极应对人口老龄化国家战略、保持我国人力资源禀赋优势，为我国的经济良性发展深谋远虑。

儿童友好型城市，着眼于儿童及其发展，更着眼于国家的长远未来。习近平总书记指出："童年是人的一生中最宝贵的时期，在这个时期就注意树立正确的人生目标，培养好思想、好品行、好习惯""培养好少年儿童是一项战略任务，事关长远，各级党委和政府、社会各界都需要重视培育未来、创造未来的工作"。儿童友好型城市将儿童健康成长视为城市责任，为其创建良好的城市环境和社会氛围。

儿童之于国家　　　　**专栏 3-1**

少年智则国智，少年富则国富，少年强则国强，少年独立则国独立，少年自由则国自由，少年进步则国进步，少年胜于欧洲，则国胜于欧洲，少年雄于地球，则国雄于地球。红日初升，其道大光。河出伏流，一泻汪洋。潜龙腾渊，鳞爪飞扬。乳虎啸谷，百兽震惶。鹰隼试翼，风尘翕张。奇花初胎，矞矞皇皇。干将发硎，有作其芒。天戴其苍，地履其黄。纵有千古，横有八荒。前途似海，来日方长。

美哉我少年中国，与天不老！壮哉我中国少年，与国无疆！

——梁启超《少年中国说》节选

3.1.2 为城市积蓄动力

儿童与生俱来的想象力与创造力，是城市无形的智慧财富，是推动城市创新发展的潜在动力。梁启超先生在剖析儿童人格特征时指出，儿童像是充满活力的朝阳、无惧困难的幼虎、怀揣赤子之心的侠者，乐于打破传统窠臼，敢于尝试新事物、接受新观点。尊重儿童生长规律，包容并释放儿童爱自由、爱探索的心性，培养并激发儿童想象力及创造力，推动儿童成长为未来的创新型人才，进而为城市创新发展提供源源不断的潜在动力。

儿童成长过程中伴随着多元消费需求，将带动城市相关产业发展。一个美好的童年，总是需要一颗被关照的好奇心，儿童的世界里总是生发出多种多样新奇的需求，儿童主题游乐广场、研学旅行基地、亲子旅游目的地、儿童学习生活用品、儿童玩具等，都是儿童不断更新的需求中产生的衍生品。儿童需求将推动相关产业的萌生与发展，形成城市产业体系中重要的"儿童经济"板块，推动城市经济发展。

儿童的安全健康需求对城市环境提出更高要求，将推动城市建设走向更高品质、更精细化的道路。儿童是需要家长监护、学校保护、社会爱护的群体，他们的活动能力从最初的完全对外依赖到成长后的慢慢独立，其活动喜好和活动内容表现出鲜明的年龄差异，而要真正实现儿童友好，自然是要对各个年龄阶段的儿童表现出公平的友好，城市环境建设的视角需要在"一米的高度"里不断细化，以满足不同阶段儿童的环境需求。

儿童友好型城市，是一个城市富有远见的投资，收益也将是巨大的。当下来看，关注儿童成长中伴随的消费需求，将完善城市产业结构、推动经济发展；关注儿童的健康、安全需求，将推进城市环境的高标准、高品质、精细化建设。而长远来看，城市将从一代代茁壮成长的儿童中收获未来发展的创新动力，促进城市进一步良性发展。

少年人常思将来，惟思将来也，故生希望心；惟希望也，故进取；惟进取也，故日新；惟思将来也，事事皆其所未经者，故常敢破格；少年人常好行乐，惟行乐也，故盛气；惟盛气也，故豪壮；惟豪壮也，故冒险；惟冒险也，故能造世界；少年人常喜事，惟好事也，故常觉一切事无不可为者；少年人如朝阳、如乳虎、如侠、如戏文、如泼兰地酒、如大洋海之珊瑚岛、如西比利亚之铁路、如春前之草、如长江之初发源。

——梁启超《少年中国说》节选

3.1.3 为家庭点燃希望

"父母之爱子，则为之计深远"。儿童是现代家庭的核心，育儿家庭在儿童的健康、成长、教育、医疗等方面深谋远虑，致力于为其提供更优质的外部环境。现实情况是，高速城镇化进程忽视儿童群体的全方位发展需求，雾霾、拥挤、冷漠、暴力事件在城市中时有发生，并成为育儿家庭层出不穷的担忧——"空气质量差是孩子身体健康的巨大威胁""在家庭、学校之外，孩子的安全无法得到保障""即使是自家小区里，也无法放心让孩子玩耍"……一个家庭在育儿过程中的付出，可见的是经济成本，还有对城市环境诸多"担忧"而产生的精力成本，以及家庭抚养儿童压力的与日俱增。

儿童友好型城市，将贯彻"城市-街道-社区"多层面的儿童环境友好。儿童除了在家庭和学校中得到关爱外，还能感受到来自外界的善意，可以在符合自身尺度的安全环境中嬉戏玩耍，家长的环境焦虑可以得到缓解，让孩子释放好奇心、自由探索，在自主交往中建立与自然、与他人的关系。在这种生活形态下，逐渐重构以儿童为纽带的现代家庭、邻里关系，进一步营造亲帮亲、邻帮邻的社会氛围，摆脱"对门相见不相识"的孤岛式城市生活困境。

家长访谈

"陪伴"的压力： 每次带小孩子出来放风，总想着让他可以看看蓝天，亲近一下花草，和别的小朋友交流、玩耍，自己也可以稍微放松一下。但是，一看到旁边的垃圾站、往来的车辆、较深的水池、破损的游戏设施……眼光就不自觉地锁定在孩子身上，寸步不离，总觉得这些潜在的危险因子会给孩子带来伤害，跟孩子讲不可以做这个、不可以做那个，想让孩子自由，也只能是特别有限的自由了。每次放风，自己也是跟着累……

"邻里"的缺失： 城市和乡村里的小孩子，其成长方式有很大不同。在乡村里，小孩子是被邻里街坊"养"大的，他们不是在邻居家里，就是在宅前屋后的树下，和年龄相仿的小伙伴聚在一起。对于家长来说，只要小孩子不是在车来车往的村路上嬉戏打闹，多数情况下还是可以放心让他们自由活动的。但是，在城市里就不一样了。在小孩子上初中之前，还是不太放心让他们自由行动，这种亲密邻里关系的缺失，使得小孩子对家庭陪伴更加依赖，而现实情况是，我们并没有充足的时间去陪伴他们……

——一位家长访谈

3.1.4 为儿童装点童年

现实生活中，儿童缺少真正独立自主的活动机会，过着高规则化、监督型的剧本式生活。一方面，城市建设用地的稀缺性，催生了紧凑型、高密度的空间扩张方式，在以经济效益为重的城市开发建设中，代表公众权益的开敞空间往往被牺牲；另一方面，城市开敞空间的规划设计，通常以全体公众功能需求为核心，缺乏针对儿童的精细化考量，在传统规划落实落地的过程中，儿童失去的是开敞空间的获取权和使用权。因此，既有的城市开敞空间中潜藏着不利于儿童自由活动的危险因子，家长为避免危险事件的发生而不断限定儿童户外活动范围及活动内容，儿童成为宠爱中的囚徒。对于儿童成长来说，"行"与"思"是必备且相辅相成的质素，"行而不思则罔，思而不学则殆"。然而，剧本式的生活限定了儿童探索世界的边界，影响了儿童思考的深度，阻碍了儿童感知与学习能力的培养。

互联网、智能化产品的兴起，对儿童健康产生了或多或少的负面影响。网络世界中的信息资讯、在线游戏、网络社交，不断吸引着儿童的注意力。世界观、人生观、价值观尚未健全的儿童，对纷繁复杂的网络信息缺乏理性判断的能力，极易沉迷于虚拟世界中，甚至沦为"网瘾少年"。随之产生的，还有因缺乏运动等不良生活习惯而引发的近视、肥胖等健康问题。2018年，共青团中央维护青少年权益部、中国互联网络信息中心（CNNIC）关于全国未成年人互联网使用情况的研究报告显示：我国未成年网民规模达1.69亿，未成年人互联网普及率达93.7%，明显高于同期全国人口互联网普及率的57.7%，日均上网超过3小时的未成年网民达13.2%。除未成年人缺乏自控能力外，家庭陪伴的缺失也是造成未成年人沉迷网络的重要原因。2018年，国家卫健委关于儿童青少年近视情况的调查结果显示：我国儿童青少年总体近视率达53.6%，即一半以上儿童青少年近视，而户外活动实践不足、不科学使用电子产品等是导致儿童青少年近视率居高不下的重要原因。

儿童友好型城市，从儿童的安全与健康、教育与成长、参与与自我实现等维度全面推进儿童友好。从儿童户外活动需求出发，优化城市开敞空间、构建连续的儿童步行环境，建立系统化的儿童公共活动空间；从儿童教育需求出发，营造激发儿童想象力及创造力、积极向上的校园环境；从儿童医疗需求出发，打造符合儿童心理及行为特征需求的医疗服务环境。儿童友好型城市将切实从儿童的生活、教育、医疗等方面，全面提升儿童活动环境品质，使儿童能够自由进入并使用城市空间，独立、安全地在社区公共空间中活动。另外，儿童友好型城市将尊重儿童城市未来主人公的身份，引导儿童参与与其相关的城市事务，重视儿童对城市未来的期待与构想。特别是在城市决策过程中，对其想法予以充分考量和积极反馈，并在这个过程中培养儿童城市未来主人翁意识，提升儿童在自我城市中的认同感、归属感、成就感及幸福感。

  "空白"的时间：每到周末，爸爸妈妈依然比较忙，没有时间陪我一起玩，距离上次我们全家一起到公园玩已经有两个月了，朋友家又住得比较远，父母不放心我自己去找朋友玩。所以，周末完成作业之后，就只能用玩电脑、玩手机来打发时间了，有时候觉得网络、游戏也挺无聊的。但是，除此之外，好像也没有其他更有趣的事情了。

  "限制"的自由：有时候，难得爸爸妈妈约上其他小朋友一家一起出去玩，人多真的很有意思，我最喜欢到公园和游乐场，那里空间很大，游戏项目很多，可以玩得比较尽兴，即使妈妈总是会讲这个不可以碰、那个不安全。小区里的游戏设施挺少的，有时候坏了很久也没人修，玩起来挺没劲的。不过，几个小伙伴能聚到一起的时候，即便没有这些设施，我们也可以玩得很开心。

——一位儿童访谈

3.2 中国建设儿童友好型城市面临的挑战

3.2.1 "儿童友好型城市"本土化系统性经验缺乏

  截至2021年，全球已有超过900个城市和地区获得联合国儿基会"儿童友好型城市"认证，中国尚未有城市获此荣誉。儿童友好型城市理念的提出，是为了保障儿童在城市中生存生活的权益，联合国儿基会提出的儿童12项权利内容在国内的落实，需结合我国政策制度、社会文化、经济条件及建成环境等实际情况，进行系统性、本土化的措施改进，总结出符合我国城市特征的儿童友好型城市建设实施方案。我国有长沙、深圳、武汉、南京等城市先后提出了儿童友好型城市建设目标，然而，具体措施仍需在实践中进一步摸索，目前尚缺乏系统化经验可以借鉴。

3.2.2 "儿童友好型城市"长效机制缺乏

儿童友好型城市建设涉及自然资源和规划局、住房和城乡建设局、交通局、教育局、卫生健康委员会等多个行业部门，贯穿城市、城区、街道、社区各个层级，需要多部门、多层级之间的协调联动。当前，我国多数城市在"儿童友好型城市"建设方面尚未达成规划、住建、交通等各相关专业领域共识，尚未建立健全以"儿童友好"为导向的政府工作机制，尚未完善相应的政策制度。同时，由于"儿童友好型城市"具有较强的公益属性，如何巩固各阶段建设成果，使儿童友好成为城市常态，仍需在实践探索中建立并完善长效机制。

3.2.3 城市"儿童友好"环境基础薄弱

前一阶段以增量发展为主的城镇化进程中，我国城市建设表现出贪大求快、粗放低效的特点，对城市生态环境产生了较大的负面影响，空气污染、固体废弃物污染、土壤污染等环境问题层出不穷，严重威胁了儿童健康成长。同时，城市基础设施及公共服务设施的配建以"千人指标"进行测算，力求其区位及规模上的公平性，具体空间亦围绕成人活动需求进行"大一统"设计，缺乏以"儿童友好"为导向的精细化环境设计。城市中出现的宏观生态环境问题及微观空间设计问题，都势必会影响甚至阻碍"儿童友好型城市"建设的推进。

3.2.4 社会"儿童友好"公共认识薄弱

自1978年改革开放后，我国建立了社会主义市场经济体制。在较长时间内，我国社会激励机制更多以经济为导向，欠缺对社会后期可持续发展的考量，各行各业也以经济创收为主要考核内容，整体表现出唯经济增长是从的社会氛围，对儿童的社会关注明显不足，儿童友好理念缺乏广袤而坚实的社会土壤。因此，我国在推进儿童友好型城市建设时，将面临儿童友好公共认识不足的问题。

3.3 长沙建设儿童友好型城市面临的机遇

中国特色社会主义制度具有管根本、管长远的显著优势，根植于中国大地、深得人民拥护，具有强大生命力和巨大优越性。疫情突发、洪水来袭，举世瞩目的中国速度和令人震撼的中国力量，无不展现着中国制度优势，折射出中国制度效能。在宏观中国特色社会主义制度背景下，儿童友好型城市建设将得益于优越的制度政策，形成以政府为主导，企事业单位、社会组织、群众代表等广泛参与的组织体系，积力之所举，横向协作、纵向联动，从城市、街道到社区，在环境、交通、教育、医疗等方面，全面贯彻落实儿童友好的建设理念，真正实现儿童友好型城市建设。

长沙市是湖南省省会城市，也是长江中游地区重要的中心城市。它位于湖南省东部偏北，湘江下游和长浏盆地西缘，东临江西省宜春、萍乡，西连娄底、益阳，南接株洲、湘潭，北靠岳阳。全市总面积11819km²，下辖6个区——开福区、岳麓区、雨花区、芙蓉区、天心区、望城区，1个县——长沙县，代管2个县级市——宁乡市、浏阳市。2020年，长沙市全年地区生产总值达12142.52亿元，较2019年增长4.0%，第一、第二、第三产业对经济增长的贡献率分别为2.7%、50.7%、46.6%。第七次全国人口普查数据显示，长沙市常住人口为10047914人，与2010年第六次全国人口普查相比，增加3006962人，增长了42.71%，年平均增长率为3.62%；且常住人口中，0～14岁人口为1672202人，占16.64%，与2010年相比，0～14岁人口的比重上升3.07个百分点，增长约71.7万人，在城市中关照儿童成长、落实儿童福祉成为迫在眉睫的发展主题。

对长沙市而言，除了制度优势和良好的社会经济发展状况，独特的地域民族性格、悠久的文化教育历史、开放的社会文化氛围、舒适的城市居住环境，都为儿童友好型城市建设提供了强大的现实支撑。在长沙市这片土地上，儿童可以陶冶爱国主义情操、获得知识增长和人格培养、感受文化创新创意的力量、享受舒适宜居的城市环境。

3.3.1 深厚的家国情怀

长沙市是我国首批国家历史文化名城，有楚汉名城、屈贾之乡、潇湘洙泗之称，有马王堆汉墓、四羊方尊、三国吴简、岳麓书院、铜官窑、天心阁等历史资源。悠久的历史奠定了长沙市厚重的文化底蕴，历史遗存无声讲述着长沙故事，时光淬炼中凝结的人文精神，孕育滋养着这片土地上的人们，潜移默化中塑造了长沙人忠实正直、劲悍决烈的性格色彩。《隋书》在描述湖南气质及性格时，称"其人率多劲悍决烈"，关于湖南及长沙民风"决烈劲直"的说法不断得到后人的认同与响应，明清时期湖南各地州府县邑的方志中，频繁出现"人性悍直""劲直任气""其俗剽悍""任性刚直""其俗好勇"等民风相关词眼，就是最好的印证。明士大夫倪岳在《赠长沙知府王君赴官序》中称"其士习，则好文而尚义；其民性，则决烈而劲直。故习之相近，固多问学志节之风；而性之所染，亦多豪犷桀骜之态"，和许多士大夫的理想一样，倪岳希望将"士习"化入"民性"之中，"士习"与"民性"的渗透融合，滋养了湖湘之地敢为人先的士人群体。

晚清时期，湘军统帅曾国藩、左宗棠带领湖湘子弟，进入被战火摧残的东南，平定了太平天国起义，保卫了传统儒家文化。致力于湖南维新运动的陈宝箴写下"自咸丰以来，削平寇乱，名臣儒将，多出于湘。其民气之勇，士节之盛，实甲于天下。而恃其忠肝义胆，敌王所气，不愿师他人之长，其义愤激烈之气，鄙夷不屑之心，亦以湘人为最"。面对帝国主义对中国的侵略行径，杨度赤心奉国写下《湖南少年歌》——"中国如今是希腊，湖南当作斯巴达；中国将为德意志，湖南当作普鲁士……若道中华国果亡，除非湖南人尽死"，鼓舞了众多湖南爱国志士，前赴后继踏上救国救民之路。

以长沙市历史文化街区之一的潮宗街为例，它是中国近代湖南乃至全国的仁人志士集聚地，也是爱国精神凝聚地。自明清开始，潮宗街便是地区性政治中心，而后成为革命志士、爱国人士实现救国救民理想的阵地。可以说，潮宗街一定程度上见证并推动了中华人民共和国的独立。维新人士在此率先推行变法运动，爱国人士在此掀起全省抵制美货运动，中共重要领导人在此从事新文化运动、建党活动和抗日救亡运动，韩国抗日光复战线在此活动……这里的每条街巷几乎都发生了与近代湖南乃至全国的重要历史事件。长沙也已成为旧民主主义革命的策源地和新民主主义革命的发祥地之一，这里相继走出了毛泽东、刘少奇、彭德怀等革命先辈们。

长沙忠实正直、劲悍决烈的民风民性，造就了一代又一代具有历史影响力的圣贤豪杰，推动着历史的前进、影响着未来的发展。长沙这片土地上镌刻着数不清的红色文化印记，凝聚着浓厚的爱国主义情愫，为培养儿童爱国主义情怀提供了天然养料，为造就敢为人先、勇担民族复兴大任的时代新人提供良好的社会环境，也为儿童友好型城市建设营造了浓郁的爱国爱民社会氛围。

湖南少年歌　　　　　　　　　　　　专栏 3-5

中国如今是希腊，湖南当作斯巴达，中国将为德意志，湖南当作普鲁士。诸君诸君慎如此，莫言事急空流涕。若道中华国果亡，除非湖南人尽死。尽掷头颅不足痛，丝毫权利人休取。莫问家邦运短长，但观意气能终始。埃及波兰岂足论，惨悲印度非吾比。

——《湖南少年歌》节选

3.3.2 绵延千年的湖湘学风

岳麓书院是新兴理学思潮的重地，促进了地域性理学学派——湖湘学派的形成与发展，"盖欲成就人才，以传道而济斯民也"胸怀天下的教育宗旨，潜移默化影响了历代湖南学子，培养了内生外王的人才，涌现出大批对中国历史产生重大影响的政治家和学者。"时常省问父母""读书必须过笔""夜读仍戒晏起"……108字学规是这座千年学府的珍宝，也是培养经世致用之才的法宝。新加坡教育次长在2006年的访问中对这套学规给予了高度评价，认为这套学规兼顾德育和做学问，可以原封不动地作为当代大学生学规。岳麓书院顺应时代发展，利用互联网的传播优势向世界传播国学文化，在世界文化教育领域中熠熠生辉。

湖南时务学堂创办于1897年，是最早一批建立的新式学校，开湖南教育之先，历经"刘权之府第——周桂午府第——时务学堂——泰豫旅馆——陈云章公馆"的演变历程。梁启超、谭嗣同认为，要维新实验、要实现专制向民主民权社会过渡，首要前提是开民智、兴民权。正是基于这样的理念，梁启超"日创新法，制新器，辟新学"，亲自拟定《湖南实务学堂学约》，制定《湖南时务学堂开办大概章程》，积极投入革新教育、开启民智的改革实践，提倡"中西并用"的办学理念，要求学生阅读西国近世史法章程之书及各国报章，以求治天下之理。时务学堂重思考、重实践，提倡自由讨论，学生视野开阔、思维活跃，培养了唐才常、蔡锷等大批新式人才。

如今，长郡中学、雅礼中学、长沙市第一中学、湖南师范大学附属中学等四所中学是长沙公认的四大名校。长郡中学的"朴实、沉毅"，雅礼中学的"公、勤、诚、朴"，长沙市第一中学的"公、勇、勤、朴"，湖南师范大学附属中学的"公、勤、仁、勇"，这些校训是学生的行为准则及道德规范，也体现了学校的办学理念和治学精神。"朴实、沉毅、勤、诚、勇、仁"是对学生个人道德修养提出要求，力在培养具有进取冒险精神、顽强毅力、高尚国民品格、独立人格和个性品质的未来公民，而"公"则要求学生胸怀家国兼济天下，肩负社会责任，做之于社会有益的事，成之于社会有用的人。四所学校历经百年发展，为国家、社会输送了源源不断的栋梁之材，走出了毛泽东、徐特立、金岳霖、朱镕基等知名校友。

古有岳麓书院，近有时务学堂，今有四大名校，传统文化精华在长沙这片土地上得以继承和延续。传统文化与现代文化在文化教育实践中兼容并蓄，并以培养国家社会有用之才为宗旨，兼顾学识增长和德行培养，且已建立了成熟的基础文化教育体系。这为儿童健康成长提供优质的教育资源、广阔的教育平台、成熟的教育思想，也为儿童友好型城市建设奠定了坚实的文化教育基础。

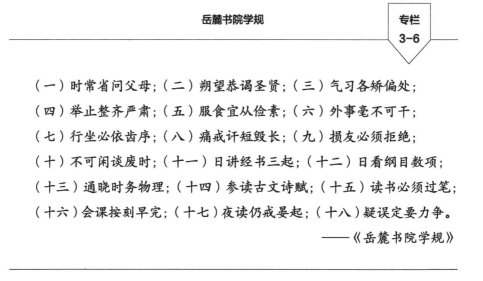

岳麓书院学规 专栏 3-6

（一）时常省问父母；（二）朔望恭调圣贤；（三）气习各矫偏处；

（四）举止整齐严肃；（五）服食宜从俭素；（六）外事毫不可干；

（七）行坐必依齿序；（八）痛戒讦短毁长；（九）损友必须拒绝；

（十）不可闲谈废时；（十一）日讲经书三起；（十二）日看纲目数项；

（十三）通晓时务物理；（十四）参读古文诗赋；（十五）读书必须过笔；

（十六）会课按刻早完；（十七）夜读仍戒晏起；（十八）疑误定要力争。

——《岳麓书院学规》

3.3.3 良好的文化创意氛围

长沙市已正式加入联合国教科文组织"创意城市网络"，成为中国首座获评世界"媒体艺术之都"称号的城市，是继"东亚文化之都"之后的又一国际名片。由联合国教科文组织推出的"创意城市网络"文化项目成立于2004年，通过对成员城市促进当地文化发展的经验进行认可和交流，达到全球化环境下倡导和维护文化多样性的目标。长沙的成功加入，表明其城市文化氛围及创意文化实践得到了世界认可，并产生了一定的国际影响力。

长沙又是我国著名电视视频内容生产大本营，有中国视谷——马栏山视频文创园，湖南广电、芒果TV等视频服务龙头企业，打造了电视湘军、出版湘军、动漫湘军等多个文化品牌。近年来，长沙在文化产业领域不断迈向新高地，梅溪湖国际文化艺术中心、新华联铜官窑国际文化旅游度假区、后湖国际艺术园区等文化文产类项目井喷式发展。同时，长沙积极开展文化产业节会活动，打造了中国金鹰电视艺术节、汉语桥、梅溪湖国际文化艺术周、橘洲音乐节等具有国际影响力的重量级品牌节会。通过文化创意产业、文化艺术设施、文化产业节会等项目，长沙全方位地打造了"文化创意""文化艺术"等的国际城市形象。

"东亚文化之都""媒体艺术之都"的国际名片，为长沙汇聚了来自世界的目光，长沙成为传统文化走出去、国际文化引进来的城市平台，形成了浓厚的文化开放、创意流动的社会环境。这种社会环境为儿童成长打开一扇窥探世界的窗口，也为儿童感受创意文化浸润及发展自身创造力提供了良好的外部条件，更为儿童百花齐放的未来注入了无限可能，为儿童友好型城市建设营造了良好的文化创意氛围。

长沙——世界媒体艺术之都

专栏
3-7

长沙，中国首个获评"世界媒体艺术之都"的城市。2018长沙国际媒体艺术节暨"一带一路"青年创意与遗产论坛，于2018年5月21日在梅溪湖国际文化艺术中心精彩开幕。这一活动共推出开幕式、"一带一路"青年创意与遗产论坛、媒体艺术之夜——数字光电烟花秀、中外青年联谊会、非遗艺术展和媒体艺术影像展、长沙印象考察、铜官窑博物馆开馆、橘洲音乐节、体验长沙驻留项目等九大主体活动，共同展示媒体艺术之都的魅力与长沙文化创意产业最新发展成果，搭建起文化交流互学互鉴桥梁，助推长沙国际化进程，让长沙走向世界、让世界了解长沙。这充分展现了长沙的文化自信，也绽放了长沙"媒体艺术之都"的魅力。

——向世界展现"创意长沙"的独特魅力

3.3.4 舒适宜居的城市环境

2020年11月18日，中国幸福城市论坛在杭州举行，第十四届中国最具幸福感城市调查推选活动结果出炉，长沙再次荣登榜单，连续13年获评"中国最具幸福感城市"。城市幸福感是指市民对所在城市的认同感、归属感、安定感、满足感，其评价指标涉及城市安全、环境健康、生活舒适、交通便利、经济赋予、社会文明等方面。长沙的连续入选，表明长沙在城市宜居性方面得到了广泛的社会认可。

长沙西倚岳麓山，湘江自南向北穿城而过，橘洲若璀璨明珠点缀其中，形成了"山水洲城、一江两岸"的城市格局，打造了"城在林中、人在景中"的城市田园生活景象。在房地产领域，长沙出台了一系列调控限购、限售、限贷政策，成为全国"房住不炒"的标杆城市，合理的房价吸引源源不断的外来人才及家庭定居，也极大提高了本地居民的安全感。在公共交通领域，长沙已开通运营轨道线路6条。依据长沙市城市总体规划和综合交通规划，城市轨道交通线网（地铁）共计12条，中心城区线网密度将达到0.61km/km^2，这极大提高城市公共交通客运能力，也提升市民出行便捷度。在互联网领域，长沙成为《中国潮经济·2020网红城市百强榜单》中的新晋网红城市，以网红效应拉动城市经济发展，增强网络时代城市综合竞争力。同时，长沙"网红城市"标签所指向的时尚潮生活，也吸引了向往文化开放及时尚潮流的年轻人及年轻家庭。

健康生态的环境、科学合理的房价、便捷高效的交通、传统与时尚兼具的人文环境，长沙以其独特魅力成为众多育儿家庭的"诗和远方"。舒适宜居的城市环境为儿童的安全、自由、教育、成长提供了最基础的保障，满足了育儿家庭基本的社会期待，给予了育儿家庭真正的安全感，为儿童友好型城市建设提供了强力的家庭群体支持。

"我"为什么留在长沙

我叫安娜，是一名舞蹈演员。我来长沙5年了，找到了心爱的另一半。我是摩尔多瓦人，我们的宝宝是长沙人。有人问我，为什么喜欢长沙？我也说不清楚。也许是她的历史底蕴和多元的文化，又或许是在这个极具创意的城市里，我可以肆意地追求我的舞蹈梦想，这是一座充满了幸福感的城市。我在长沙！更爱长沙！

——2020年"打卡长沙，相遇青春！"短视频类银奖作品《安娜在长沙》

3.3.5 追求美好的发展需求

"儿童友好型城市"是长沙市继"历史文化名城""东亚文化之都""媒体艺术之都"之后的另一张城市名片，是长沙追求更高质量发展的必然选择。儿童友好意味着高标准城市建设要求，需在教育、文化、医疗、交通、自然环境等方方面面落实儿童权益，并在一米的高度里以更具人性化、更具趣味性为目标不断细化环境设计。以儿童友好推动全龄友好，是长沙对全体市民释放的最大善意和最负担当的选择。随着儿童友好型城市建设的推进，长沙将营造出丰富多元的生活形态，更富有创造力、更灵动鲜活，在新一线城市视野中将更具竞争力，成为优质人才、企业的目标城市，为长沙经济发展赋予新能量，推动长沙迈向更高目标。

"儿童友好型城市"是长沙对育儿家庭更高社会期待的积极回应，也是长沙对儿童健康成长签订的承诺书。儿童友好型城市建设的继续推进，将巩固长沙在房地产领域、公共交通领域、城市生活领域等取得的儿童友好成果，为儿童及家庭提供更舒适宜居的城市生活环境，建立更强的人地情感连接，提升全体市民对长沙的认同感及归属感。

下篇　协作共创：

长沙实践

- 安全与健康
- 教育与成长
- 参与与自我实现
- 关注与行动
- 体系与组织
- 城市规划制定与实施

第4章

安全与健康

寻求安全，"这个压倒一切的目标不仅对于他目前的世界观和人生观，而且对于他未来的人生观都是强有力的决定因素"

——美国著名社会心理学家亚伯拉罕·马斯洛

孩子们带着不安感呱呱坠地，亲子之爱使婴孩逐步建立起与周遭环境之间的联系，吸吮母乳，寻求怀抱以及追求安静的环境等都是在缓解因自身力量的不足而带来的紧张不适感，并从这种温暖的关系中逐步获得自己安全的身体感受，建立起早期安全感。相反，如果孩子生活在安全感匮乏的环境中，例如居无定所、家庭暴力、社会动荡等，都可能使孩子产生谨小慎微、胆小怯懦和自我封闭等不良情绪，形成抑制性的身心状态。当然，除了这些外在条件的呵护外，另一个重要因素就是自身的能力，主要表现为身体和心灵的健康。健康且有力量的体魄是增进安全感的首要因素。同时拥有健康且有力量的体魄这两件基础要素才能使儿童超越"寻求安全地活着"的状态，转向追求更有价值的目标。因此，充分的安全感往往从人与人之间爱的联系、人与社会之间信任的联结，以及自己给予自己的满足感中获得。同时，儿童作为社会中的弱势群体，在早期无法自己给予自己安全感的时候，家庭和社会就在儿童安全感获得中有着不可替代的意义。家庭的温暖陪伴与社会的关心呵护，都是促使儿童自由自主追求向往生活的基础性条件，正如德国哲学家马丁·海德格尔所讲的"诗意地栖居在大地上"。

基于此，本章分为安全和健康两个部分。第一部分："消除城市安全隐患"，主要从点、线、面三种平面空间基本元素出发，讲述长沙市如何保障儿童通学安全和玩乐安全；第二部分："促进儿童身心健康"，将从身体和心理两个方面来分别介绍相关的长沙经验。

4.1 消除城市安全隐患

柳叶刀上的一项研究显示：2013年我国道路交通伤害是仅次于中风和冠心病的第三大死因。据统计，我国每年死于道路交通伤害的儿童约有一万名，道路交通伤害成为我国儿童的致死首因，没有任何一项单独的措施就能解决儿童的出行安全问题，只有调动全社会各界力量参与到儿童道路交通伤害预防中，并通过综合一系列全面的道路安全措施体系才能提高儿童道路交通安全。儿童大多拥有活泼好动但欠缺自我保护能力的特征，当这类特殊群体上下学出行以及在户外玩耍时，就属于环境中的弱势群体，因而，加强对儿童交通安全保护具有重要意义。基于此，下文将从点、线、面三种平面空间基本元素出发，介绍湖南省长沙市是如何保障儿童通学安全和玩乐安全的。

4.1.1 点——安全设施

在上下学时段，校园出入口往往是人流量最大的地方，学生过街需求量较大，同时还可能没有信号灯控制，人车混行，过街安全隐患极大。湖南省长沙市主要从以下5个方面保障儿童的通学安全：

人车分流，安全步行。人车分流是指将居住环境中的汽车道路和步行道路分开，汽车道路联系区内绿地及城市道路，步行道路与区内景观绿化相结合，共同组合成功能+美观的中心环境。借助这个概念可在地面设置标识，明确儿童步行通道，实现人车分流。湖南省长沙市长沙县泉塘街道板桥社区辖区内的东业晨曦小学在学校大门东西两侧100m处分设水马，做到了人车分流，实现了人行、车行交换的便捷高效。

爱心斑马线，慢行你我他。爱心斑马线是由一组"爱心+儿童"图案组成的"红底白图案"地面标识（图4-1），设置于学校路段或交叉口，警示车辆减速慢行，以提升学生过街安全性。长沙市首先选取了10所学校进行爱心斑马线的试点（表4-1），且于2018年6月1日前完成，并作为献给全市青少年儿童的六一儿童节礼物。长沙市在这三年后完成了50所学校周边爱心斑马线的设置。根据爱心斑马线项目库信息，综合考虑学校区域位置、交通问题较为突出且具有实施条件等因素，长沙市首条爱心斑马线设置在岳麓区长郡双语试验中学门口。

图4-1　长沙市"爱心斑马线"爱心地面标识
（图片来源:《长沙"爱心斑马线"交通安全设施设计》）

长沙市十所爱心斑马线试点学校		表4-1
行政区	学校名称	措施
天心区	一师附小	学校门口（书院路）设置爱心斑马线，书院路两端节点采用信号灯联控形式
芙蓉区	育才小学	乔庄巷（育才西侧支路）与解放中路交叉口设置爱心斑马线

续表

行政区	学校名称	措施
芙蓉区	燕山小学	学校门口、长岛路与五一大道/八一路节点设置安心斑马线
雨花区	东澜湾小学	学校门口（西门）、西门道路沿线交叉口设置爱心斑马线
	砂子塘泰禹小学	学校门口（南门）设置爱心斑马线
	长沙市实验小学	八方小区门口设置爱心斑马线
岳麓区	长郡双语实验中学	学校门口（南+北）设置爱心斑马线
	岳麓一小	桐梓坡路与望岳南路节点、桐梓坡路（学校东北角）路段过街设置爱心斑马线
	八方幼儿园	学校门口（西门观沙路）设置爱心斑马线
开福区	清水塘三小	学校门口（西门）、新欣路与渔业路节点（新欣路）设置爱心斑马线
望城区	师大附中星城实验中学	学校门口（银星路）设置爱心斑马线

站好"护学岗"做好"守护神"。护学岗即在上下学时段，由交警、协警或者成人护送学生过街。自2019年2月18日起，湖南省长沙市公安交警启动全市100个护学岗，全面恢复护学岗勤务，强化学校周边道路日常交通管理，确保儿童交通安全。2020年新学期开学，109个规范的护学服务岗亮相长沙市雨花区各中小学、幼儿园门前。同时，该区启动"大手牵小手，共筑平安路"活动，由身穿护学马甲的志愿者、指挥道路通行的公安交警、佩戴护学袖章的巡防队员组成，共同为孩子求学路构筑安全保障网。

看到护学旗，立马请让行。护学旗设计简洁明了。"护学旗"为蓝底黄边，旗上印有"文明交通，人车礼让"交通标志、"湖南省文明交通行动护学旗"字样及阳光笑脸竖起大拇指的主题形象，其颜色鲜艳，辨识度高。湖南省公安厅交警总队还规定：所有途经校园周边无红绿灯斑马线的机动车，遇"护学旗"使用时均须停车让行，待"护学旗"收起后方可通行。惩罚力度恰到好处，对不避让"护学旗"的机动车，执勤交警可以根据道路交通安全法等法规，给予当事人"记两分、罚款两百元"的处罚。"护学旗"的使用时间为每天上学前的30分钟之内及放学后的30分钟之内。

即停即走，方便我有。学生接送专用停车位按照国家标准设置，地面划蓝色实线，表示免费停车。道路右侧设置接学生专用车位标志，标志下面标明了准停时段。这样的设施既方便了家长接送，同时也规定了停车时间，不会造成其他时段的道路拥挤。

人车分流、爱心斑马线和"护学岗"等措施在增强交通环境的安全性、促进学龄儿童活力通学出行以及缓解交通拥堵等方面都取得较好的成效，其经验主要有以下两点：第一，保障儿童安全的同时，也将家长的便捷性需求纳入设计原则中；第二，将保障措施与学校规划和城市交通网络建立起有机联系，将通学政策作为减少城市交通拥堵整体策略的一部分。

4.1.2 线——安全出行

岳麓一小——"步行巴士"

长沙市岳麓区第一小学位于湖南省长沙市岳麓区桐梓坡路539号，为湖南省长沙市首批22所儿童友好型试点学校之一。经问卷调研得到学校周边存在的主要问题有：上下学高峰期桐梓坡路人车冲突严重；西侧望岳路未设置专用人行道，车辆占路侧停放；交叉路口未有信号灯控制；缺乏供放学接送车辆的停车设施等。基于此，岳麓一小借鉴英国"步行巴士"的做法，实施步行巴士[①]和穿梭巴士。

根据出行距离的远近，分为3种出行方式。第一，出行距离在1km以内的学生出行，借鉴英国伦敦"步行巴士"的方式进行引导。根据学生住址分布，小区主要出入口，设置6条步行巴士线路，组织学校的教职工、社区志愿者及有空余时间的学生家长，担任步行巴士的引导员，并安排好步行巴士的具体出发时间和相关人员。第二，出行距离在1km以外的学区范围内的学生出行，采用穿梭巴士进行解决。穿梭巴士考虑采购租车公司或公交公司服务的形式实施。主要服务时间段为上午7：00～8：00，下午16：00～17：00，每间隔10分钟开行一趟。第三，学区范围外，出行距离较远的学生，采用拼车方式，安排拼车人员和具体出发时间和次数。

步行巴士计划是提高儿童独立自主性的良好开端，也是增强社区归属感的重要途

---

① 步行巴士（walking bus），是指一群孩子在两个以上大人的护送下步行上下学的方式，被认为是一种健康又环保的出行方式。参与"步行巴士"的家长会自发组织起来轮流护送孩子们，一名大人会充当"司机"的角色走在前面带领整个队伍，另外一名则充当"售票员"跟在队伍后面。而且，"步行巴士"和传统的巴士一样也设有"巴士站"（沿途可以让孩子们加入步行巴士的地点）和"接站时刻"。

径，更是号召全社会关注儿童交通安全问题的一种有效措施。此外，在乡村地区，儿童步行上学距离更远，道路安全性更低。步行巴士可以作为一种有效途径介入，以增强当地社区的儿童友好度。

4.1.3 面——安全环境

（1）文轩公园——"儿童友好示范公园"

目前，城市公园是儿童周末及节假日最普遍的游乐场所，但设计的出发点多是为了满足成人的需求。对儿童来说，公园场地大多内容单调，缺乏趣味性及安全性。"儿童友好型"公园是指能够让各个年龄段的儿童都能自由安全地玩耍的公园，不仅能促进儿童身心健康成长，还能增加儿童的自然体验与社会交往经验。基于此，湖南省长沙市高新区将文轩公园打造成高新区第一个儿童友好示范公园。文轩公园位于湖南省长沙市高新区谷苑路与栖才路交界的东南角，占地68700m²，系麓谷街道长丰安置区的配套社区公园。

由于儿童发育尚未健全，难以识别危险信号，家长们需要做到时时刻刻看住自己的孩子，所以如何在公园中打造家长放心、儿童开心的空间就显得十分重要了。

1）"儿童友好型"公园内的设施应服务于儿童，符合儿童的身高尺寸，同时设置家长陪玩设施及休息区域。文轩公园里的滑滑梯、秋千、摇摇椅、转转椅、跷跷板、传声筒、踏踏板等适合孩子们玩的设施应有尽有，许多大朋友和小朋友都可以在公园里愉快玩耍，它既能满足孩子的玩耍需求，也能实现家长的看护需求。

2）"儿童友好型"公园内必须铺设平整、结实、耐用、安全无毒的下垫面，以保证儿童游戏过程中的安全。路缘应避免使用具有锐利边缘的路牙石，以免儿童跌倒、摔落时造成伤害，例如文轩公园的石板凳的转角尖端被磨平。儿童游戏区的自然活动地域，适宜铺设草坪、沙地或泥土地。除此之外，公园最好规定不能携带犬只入园，以避免意外发生。

3）"儿童友好型"公园内的植物应尽量避免有毒、有刺及易引起过敏性反应的植物，以防儿童刺伤或误食中毒。树种宜栽植高大的乔木或分枝点较高的植物，方便儿童在树荫下休息或玩耍。此外，公园内的植物还可以作挂牌处理，牌子上标明植物的名称及其特性，可使儿童在玩耍的同时获取科普知识，实现在玩中学。

4）"儿童友好型"公园的规划与设计除了基本的玩耍设施外，还可以设计一些学习场地，如户外阅读区，为孩子们营造良好的学习氛围。文轩公园不仅设置了户外阅读区，还设置了专门的科普宣传栏，以普及儿童安全方面知识，增强儿童安全防范意识，诸如疫情防范知识、儿童独自在家的安全知识、儿童饮食安全知识等。

"儿童友好型"公园的实现有赖于设计师们的精心创作、各相关部门的鼎力关心、全社会的普遍关注，只有大家通力合作，我们的工作才能事半功倍。在规划设计过程中如果能让儿童参与，则能更好地满足儿童的真实需求，真正实现"儿童友好型"公园的标准。

（2）长沙市圭塘河公园——儿童亲近自然的探索

圭塘河位于长沙市东南部，是浏阳河汇入湘江的最后一条支流，全长28.86km。作为长沙城唯一的城市内流河，圭塘河素有长沙雨花区"母亲河"的美誉。位于河中游的圭塘河生态景观公园，全长2.3km，总占地面积62.43万m^2，配套建筑面积8.65万m^2，于2017年12月建成开放。公园周边5km内有86所中小学、330多所幼儿园，其教育资源和儿童群体高度聚集。因此，公园在规划建设之初就定位"儿童友好"的主题并倾力打造，积极倡导"从一米的高度看城市"的理念，以水系为纽带串联起集体育、文化、休闲于一体的儿童友好城市空间。

作为"城市绿肺"和"天然氧吧"，未来圭塘河生态景观公园可以着力打造成为长沙市"儿童友好之人与自然对话"的典型名片。首先，可围绕生态景观带，打造户外儿童乐园。将儿童游乐设施搬进公园，在自然生态系统里设置攀岩墙、滑滑梯、戏水池、沙坑、迷宫、秋千等。依据现状地形创造出丰富的自然景观。景观形态将由硬质景观、软硬结合景观逐步过渡到自然生态景观，呈现出由市区向天际岭森林公园逐步延伸的格局，再由绿色步道与骑行道连接河岸的各功能片区，真正让孩子们在大自然的怀抱里感受丰富多元、刺激变化又安全放心的游乐环境，享受游乐、亲子、运动、益智、健身、交友融于一体的快乐。其次，依托绿色示范轴，打造教育实践基地。随着城市化进程加快，生活、生产污水的直排，圭塘河曾一度变为"臭水沟"。从2014年起，政府开展了一系列河道整治、生态营建等工程，自然环境得以逐步改善。圭塘河流域综合治理率先唱响了区域生态文明建设的主旋律，也使得圭塘河生态景观公园成为长沙市重要的青少年环保教育示范基地、绿伞卫士研学旅行基地。近年来，圭塘河公园陆续引进了海立方海洋馆、宋旦汉字艺术博物馆等特色项目，培育了涵盖音乐、舞蹈、美术、机器人等各领域的教培机构集群，未来可建设成长沙市中小学综合素质培训基地、中小学社会实践基地，并打造儿童成长路上"玩有所学，学有所乐"的精神家园。

通过圭塘河生态景观公园这一典型案例，由此拉开长沙市"儿童友好型城市之人与自然对话"的序章，它不仅是市民早起散步、闲时垂钓、周末游玩的好去处，而且还是集城市历史古韵与诗情画意于一身的城市绿色生命线，更用它灿若繁星的儿童友好元素为孩子们筑起一处安乐而美好的世外桃源。

4.2 促进儿童身心健康

《"健康中国2030"规划纲要》指出，要把健康摆在优先发展的战略地位，要强化国民健康的预防与干预，实现从胎儿到生命终点的全程健康服务体系，特别强调儿童作为社会弱势群体应列入重点关照对象中。哈瑞·丹特曾预言："中国的人口红利将减少，在2015—2025年经历劳动力增长平台期之后，中国将成为首个跌落人口悬崖的新兴国家。"国家的竞争力与人口规模和人口质量紧密相关，儿童作为未来的劳动力主体，其健康水平在一定程度上影响着未来"人才红利"的潜力，从而决定着整个国家的未来竞争力。如何营造适合儿童身心健康发展的社会环境是一个值得深入研究的问题。本小节将从身体和心理两个方面讲述湖南省长沙市的相关措施。

4.2.1 用心安全守护

带孩子看医生是一件不容易的事情。在孩子们的脑海中，穿着白大褂、拿着听诊器和注射器的医生，还有洁白的墙面，刺鼻的消毒水味道……都会让孩子们产生恐惧心理。作为家长，我们可以向孩子解释去看医生的目的是什么，询问孩子恐惧的原因是什么，以及充分信任医生来提高孩子安全感，减轻孩子的忧虑。那么医院方可以为缓解孩子看病的恐惧做些什么呢？

（1）童趣设计可以舒缓紧张情绪

将儿童友好的观念如何贯穿于环境营造中？装扮温馨的装饰品，可以拉近医院与患儿之间的距离，从而达到有效缓解儿童就诊时的恐惧心理以及家长们的焦虑情绪。例如，输液大厅以及病房内以淡橙色灯光取代常用的白色灯光；病区地面用卡通形象进行装饰，并以动物特有的脚印引导患儿抵达不同楼层；墙壁上有儿童喜爱的动画片人物或者大树、小花等自然界的造型。例如，湖南省长沙市第一医院在2021年6月1日上午启动的"长青护·贝拉暖心小屋"项目，旨在让孩子们在轻松愉快的环境中度过枯燥烦闷的"输时光液"，以此作为突破口，减轻孩子们看病的心理压力，促进患儿更快更好地康复。在儿科病房里还布置了"勇气房""智慧房"等命名的八个主题房间，房间内不仅有卡通动物墙贴，而且还有益智游戏盘，让来门诊的孩子不把看病和痛苦挂钩在一起，而是把看病和玩乐放在一起，形成积极的正向能量，从而鼓励暂时生病的小朋友像"贝拉队长"一样勇敢，积极配合医生的治疗。通过熟悉的卡通人物墙贴、温暖的装修色彩与多变的饰品造型等措施都可以改变儿童对医院固有的冰冷形象，减少就医的抗拒情绪，同时也能缓解家长的心理压力，实现儿童、家长和医院的三方共赢。

（2）"一米高度"使得孩子畅通无碍

"儿童友好型医院"的公共空间以及公共设施的设计应该体现"以一米高度看世界"的理念，即以儿童的视角来设计空间环境。所有的卡通形象墙贴从儿童的高度保持在离地90~150cm，便于儿童观察和充分识别。在走廊、卫生间都安装防撞安全扶手，要求材质安全、颜色鲜艳，以减少儿童摔倒；分别设置成人和儿童洗手间，方便家长及儿童使用；有阳台的空间都设置护栏，护栏高度可以设置地比国家标准的1.1m，最大限度地防止儿童发生意外坠楼；窗户开启的宽度不大于15cm，杜绝儿童攀爬、探出窗外而发生意外；护士站、服务台高低错落，采用弧形设计，还有许多设计都等待我们去探索和思考。长沙市妇幼保健院的新院设计中就充分考虑了"儿童友好"的概念,贯彻了"以一米高度看世界"的理念,设置相当高让儿童触及不到的插座;病房或走廊扶手为双层设计;卫生间的小便器、坐便器、洗手台都为儿童配备了专用设施。

(3)建筑设计以安全为目标

医院在选择建筑材料时,应将建筑材料的安全性放在首位,结合使用寿命、清洁方便性和外观等指标,选择合适的产品。地面装饰材料的要求是容易清洁、不易残留污迹异物、不易腐蚀、避免细菌滋生及病毒蔓延,这样可以降低院内感染的风险;桌椅均设计成圆形弧度、墙面尽量设置成软包墙面、门诊室门锁均无锁舌等,以避免儿童在院内产生不必要的磕撞损伤;在装饰材料和家具材质的选择上,以绿色、环保、无伤害为首选。长沙市妇幼保健院新院的儿童场所尽可能的设置了软包墙面,墙面拐角处设置了防撞条,桌椅家具等也尽量做成了圆角,这充分考虑了儿童的安全问题。

(4)智能系统守护孩子周全

设置三大系统:视频监控系统、紧急报警系统以及NICU、PICU探视系统。基于医院人员密集、流动性大的特点,长沙市妇幼保健院在产科病房设置了婴儿防盗系统,实时监控婴儿情况。在人群集中的地方和重要敏感区域,如公共厕所、医生诊室设置了按键式求助按钮,既能实现患者及家属在院区内可以随时求助,也能保证医护人员的及时求助。NICU、PICU探视系统的设置可以让家属直观了解情况,同时降低了患儿感染的风险。

4.2.2 用心健康保护

面对城镇化的大力建设以及机动车数量的激增带来的儿童活动空间的压缩,人民生活水平显著提高带来的儿童青少年膳食结构变化,电子产品普及带来的运动不足等因素,伴随而来的是儿童肥胖、亚健康、自闭等问题的出现。儿童是决定国家未来发展的希望,儿童的体质健康应该受到国家与社会的重点关注,为儿童提供多样化的参与身体活动的途径是影响儿童参与身体活动的重要方面。

（1）"运动让儿童更阳光"

捷克教育家扬·阿姆斯·夸美纽斯说：运动和游戏是儿童最美的天性。儿童生活着，就总在游戏着，游戏就是儿童生活的本质。儿童在游戏中能激发出最美好的生活状态，首先能感受到的就是舒适感，享受游戏带来的快乐；其次就是当下的投入，骨骼肌肉的使用，大脑神经元联系的多样化和复杂化，锻炼了大脑的认知功能，大大地提升了信息加工速度和大脑灵活性，最后就是精神品质更加坚韧。

巍巍麓山脚下，滔滔湘水之滨，有一个全国文明小区——湖南省长沙市岳麓区望月湖小区。辖区内，有一所与望月湖小区配套建设而成，于1989年春季正式投入使用的全日制公办学校——望月湖第二小学。该小学自2016年被选为长沙市儿童友好型试点学校以来，始终以孩子为中心，针对儿童身体健康问题，打造了一系列名为"运动让儿童更阳光"的特色运动："望二童年，乐享足球""乒乓球进校园、进课堂"、体质达标小测试、运动会、"和校长一起去跑步"等。

活动的有序开展离不开完善的管理机制。学校建立了领导小组、教导处、科学课任课教师的三级管理制度，对体育教育实行长远规划和近期安排相结合的方式。第一，领导经常深入了解体育教育工作及竞赛的情况，研讨出现的具体问题，协调各方之间的关系，及时解决遇到的困难，有了成绩及时表扬和鼓励，并给予奖励。第二，把各班的运动开展情况列入班主任的工作考核内容中，同评选优秀班级挂钩，强有力地调动了班主任的积极性。第三，通过家长学校、家长座谈会，积极做好相关宣传工作，同时学校领导、体育教师和班主任做好家长工作，取得家长支持。领导、老师和家长的共同努力保证了活动的顺利开展，孩子们洋溢着笑容的脸，便是最美的风景。

（2）"心晴跑"——跑出潜能

当下儿童生活在物质和文化生活日益丰裕的社会之中，理应拥有更幸福和快乐的童年。但近年来，儿童心理健康问题正成为新时代儿童发展面临的困扰。究其原因，不过3点：第一，在"不能输在起跑线上"的观念压迫下儿童超龄学习知识。当前早教班多是知识性的填塞，剥夺了孩子自然成长的机会，最终限制了孩子的创造力和想象力。第二，早教班的盛行带来了家庭生活教育的缺失。各类课外培训机构成为孩子早期社会化的场所，缺乏与家长的情感交流，家庭对儿童的人格、社会适应等方面的情感支持功能弱化。第三，儿童教育内容以考试为导向，快餐式教育钝化了儿童思维，同时也忽视了对儿童心理健康的关注。儿童时代被丰子恺称为"人生的黄金时代"，儿童需要更长的时间去成熟，应该得到按照自己的节奏自然成长的权利。人生是一场马拉松，育人如大自然中的春耕夏种秋收冬藏，儿童的生理和心理发展需要一个漫长的周期。教育应该回归初心，即儿童发展本身，尊重儿童自身的发展规律。

湖南省长沙市周南梅溪湖中学位于长沙市湘江新区梅溪湖国际新城西南部，南靠桃花岭，北临梅溪湖，山清水秀，景色宜人。学校通过心理问卷调查发现，有8%的初、高中生都会产生对人生迷茫的困扰；在平时与学生的接触中，也会发现一些学生经常感到麻木和无聊，考试考得不好、被老师批评了也无所谓，不喜欢参加集体活动也没有什么兴趣爱好……基于此，以培养儿童积极心理品质、构建和谐校园心育氛围为目的，周南梅溪湖中学连续五年开展了校园心理素质拓展活动——"心晴跑"。每年5月25日下午，学校向全校师生发放专属活动入场券，去操场上体验一场新颖有趣的心理素质拓展游戏盛宴。2016—2020年的主题分别为"关注心理健康，呵护心灵成长""搭乘幸福的列车""遇见更好的自己""播种梦想的种子"和"寻找自我治愈的力量"，同时入场券也伴随主题变动，分别对应为闯关卡、开往"幸福站"的车票、多元智能名片、种子成长记录卡和自我治愈四格漫画。

在2018年的"心晴跑"中，周南梅溪湖中学应用多元智能理论设置了14个心理素质拓展游戏，分别对应了身体运动智能、音乐节奏智能、逻辑数理智能、语言言语智能、视觉空间智能、人际交往智能、自然探索智能、内省智能等八项智能。其中"推理大师"的游戏是通过推理图形的规律来发现自己的逻辑数理智能；"巧舌如簧"游戏中也要正确无误地读出所给的绕口令才能获得一枚言语智能的通关印章，除此之外还有Super Model、造反运动、迷雾森林、你画我猜等项目。

"一直都知道我自己的运动能力还不错，没想到通过今天的活动我发现我身上还隐藏了不错的音乐节奏智能！开心！"C1703班韩同学在名片的"内省致知"自我评价区域这样写道。这次活动的设计理念就是想告诉孩子们每个人都有独特的天赋，只是我们没有充分认识到自己的独特之处。如果能通过这些游戏，让他们发现自己的"闪光点"，不仅能增强他们的自信，更有助于他们找到适合自己个性发展的方向。

第 5 章

教育与成长

> 凡事开头最重要，特别是生物，在幼小柔嫩的阶段，最容易接受陶冶，你要把它塑成什么型式，就能塑成什么型式。
>
> ——柏拉图. 理想国. 北京：商务印书馆，1986：71

　　怎样让儿童获得更充分的成长空间？我们应该从"保卫童年"这一角度来看待儿童友好型城市的教育功能，它的第一职责就是呵护和培育儿童的成长之美，维护他们在自由的时间、空间里探索、发现、快乐成长的权利。

　　一个人从出生到走向社会，学习独立生存的时间是很长的，因而成长的发生对于儿童尤为珍贵。增强城市空间教育功能的最大任务，就是创造一切条件，让儿童享受"成长之美"，体验新鸟破壳般的"成长感觉"，获得自由、探索和欢乐的"成长权利"。儿童总是怀着极强的期待感去体验新事物、学习新知识，对生命的新鲜感是儿童的"天赋权利"，这种天赋权利需要通过"玩"的方式显现。"玩"能让儿童最大限度地释放自我的天性，舒展身体的力量，获得走向他人的自信，享受生命拔节的喜悦。儿童友好型城市建设要遵循儿童的特点和成长规律，让儿童在丰富的时空里，在"玩"与"学"中，实现一次又一次生命成长的转向。本章将从个体成人的不同阶段分别介绍儿童友好型城市建设在教育与成长方面的长沙经验。

5.1 开端（0～6岁）：城市为儿童的教育与成长创设情境

个体的生活无时无刻不在和环境发生着联系，好的环境往往能引导个体打开自己，朝向美好。教育的发生需要依赖情境的创生，需要环境激发孩子整体朝向世界的状态。试想，孩子们行走在城市的街巷间，被周边的环境吸引，在一个安全又充满童趣的空间里舒展自己的力量和想象、享受自然给予的审美愉悦、沉浸于空间里的探索体验，这便是朝向儿童鲜活生命的城市空间。

儿童在成长初期是如何打开个体生命的？究其天性更接近自然，儿童成长的过程是一个逐步社会化的过程。在自然性与社会性碰撞的初期，儿童是焦虑的、缺乏安全感的。因而在儿童走向社会化的过程中，不是成人世界向儿童灌输，而是儿童天性的发展与成全。对于0～6岁的儿童而言"玩"就是"学"，学习本身是扩展玩的方式，因而城市空间中丰富的儿童游憩空间能让儿童敞开自己，朝向世界，获得成长。城市空间的游戏性、审美性、生活性，能给予孩子一种自发的力量，获得向着更多他人，向着更广阔的世界的初始经验。如何根据低龄儿童成长的需要设计合理的城市空间呢？

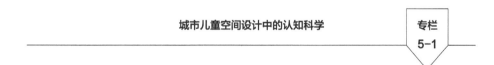

城市儿童空间设计中的认知科学　　专栏5-1

1．儿童玩耍的类型

（1）机能玩耍：锻炼心肺功能；

（2）搭建玩耍：促进数学能力的发展，如空间认知；

（3）扮演玩耍：锻炼心理，提高社交能力，提高想象力；

（4）规则玩耍：提高大动作技能，提高数学能力，如认知数和数学计算。

2．儿童从游戏中学习

（1）锻炼机会与挑战：城市中的儿童活动空间能让孩子身体得到锻炼；

（2）主动探索：儿童通过探索与世界建立联结，并提高解决问题的能力；

（3）社交互动：在玩耍的过程中锻炼与陌生人交流、分享、合作的能力，也能去换位考虑别人的想法。

3．如何设计城市空间

（1）功能可供性设计：一种设施提供多种玩法；

（2）挑战性设计：同一设施提供不同程度的挑战；

（3）模糊性设计：无法一眼识别出功能，从而激发儿童探索；

（4）社交性设计：尽可能地使更多人参与其中，包括陪伴孩子的长辈。

——清华大学儿童认知研究中心Stella christie教授

5.1.1 万科魅力之城：社区儿童文化建设探索

万科魅力之城位于长沙市高铁新城，小区占地面积53万m^2，小区总户数约12000户，约38000人。魅力之城开创了一种新的生活居住模式，以"儿童友好、邻里中心"为建设理念。小区内部有三所幼儿园、两所小学，一座3万m^2的万科里儿童成长中心、一处室内恒温游泳场、一个专业攀岩馆，一个社区中央公园，一座儿童图书馆，一处社区活动中心，儿童相关配套设施十分完备。万科魅力之城在保证儿童安全的同时，努力提升游乐场的趣味性和科学性，聚焦社区儿童文化建设。

"孩子们就像需要睡眠和食物一样，也需要和大自然的接触"，生活在钢筋水泥"森林"中的孩子们，没有太多的机会接触大自然，为了让孩子们在大自然中学习、探索、体验，万科魅力之城在社区内建造了一处约2万m^2的中央公园，使孩子们可以零距离亲近自然。

万科魅力之城社区儿童文化建设实践

万科魅力之城开展了一系列儿童成长关怀行动，注重儿童的健康成长。

（1）逗乐儿童：社区定期开展大型草地狂欢嘉年华活动，集游乐、演艺、派对、美食、舞美等为一体，为居民提供美好的生活场景。

（2）倾听儿童：携手湖南大学建筑学院儿童友好城市研究室、幸福里社区、魅力之城砂子塘小学等，开展了一系列儿童参与社区建设相关活动，培养儿童参与公共事务意识以及营造社区中鼓励儿童参与的良好氛围。

（3）思考儿童：2018年，社区与林德设计、悦数洞察共同组织开展儿童友好主题沙龙活动，讨论儿童友好社区的发展，以及在未来建设中如何规划、设计儿童友好社区。

（4）不止儿童：儿童友好不止游乐场，也不止儿童。孩子的需求是多样化的，但却被许多成人的意见左右着，适度安全、多年龄便捷，留住家长，才能留住孩子。

2019年11月，长沙市万科魅力之城社区已成为中国儿童友好社区首批预试点。

——2020年长沙市儿童友好型城市建设创新品牌案例征集

儿童成长中的"玩"与"学"

儿童游戏就其实质而言，正是儿童融入世界的方式。一个细小的游戏片段，不仅包含了儿童的模仿与创造，同时还包含着儿童面向世界的基本姿态。儿童成长的过程主要包含两个方面：一是"玩"，二是"学"。"学"与"玩"的碰撞，大致可以形成3个阶段：

（1）婴幼儿和学龄前阶段（0～6岁）"玩"就是"学"；

（2）小学阶段（6～12岁）在"玩"中"学"；

（3）中学阶段（12～18岁）在"学"中"玩"。

——湖南师范大学刘铁芳教授

5.1.2 湖南大学幼儿园：课程游戏化建设之路

湖南大学幼儿园坐落于千年学府岳麓书院旁，兼有巍巍麓山的灵气和泱泱湘水的清新。近十年来，学校一直致力于课程游戏化建设，践行游戏点亮孩子童年。学校基于儿童视角创设游戏环境，落实"把游戏的权利还给儿童"，凸显儿童主体性。如孩子们在老师的引导下，敏锐地发现幼儿园天井可以成为新的游戏空间，"玩什么""怎么玩"都由孩子们设计，学校负责将孩子们的想法变成现实。课程游戏化是对孩子更多的信任、理解、欣赏和支持，是将游戏的权利还给儿童，最大限度地支持儿童的自主游戏，进而推动儿童的学习与发展。

区域游戏在幼儿活动中的应用　　专栏 5-4

区域游戏即幼儿按照自己的意愿进行的一种带有学习和工作性质的游戏。在区域游戏中，幼儿自由选择区域，自主发起、选择活动，通过与材料、伙伴、教师的相互作用获得各方面的经验，实现自身的发展。如何提升区域游戏在幼儿教学中的应用？湖南大学幼儿园做出了以下探索：

1. 腾时间。有效融合集体教学内容与区域活动，鼓励幼儿个性发展。例如将艺术活动、科学活动等集体教学活动进行筛选，留下有效的集体教学活动同区域游戏相结合，确保两种教学方式的时间。优化过渡性时间，将课间操和户外活动时间整合，将集体活动和区域游戏整合，保证区域游戏时间。

2. 优环境。加大基础设施建设投入，确保区域环境能够满足开展游戏的需要。幼儿同教师一起参与游戏区域的建构，增添对游戏区域的认知感，以便幼儿熟悉环境，尽快进入游戏状态。

3. 建常规。通过不同音乐的引导，让幼儿自行分清游戏时间、结束时间、整理游戏材料时间等，使幼儿在游戏中更加自律和自主，减少教师的压力，同时为下一次游戏的开展提供便利。每一个区域都必须有图文并茂的区域规则，幼儿通过阅读规则，自觉遵守规则，避免游戏过程中因为强调规则而浪费游戏时间。

4. 提素养。有趣的区域材料和区域游戏才能提升幼儿的学习兴趣。教师需学习专业知识，对各年龄段幼儿的特点、学习习惯等有清晰的了解，学会观察、学会等待、学会陪伴幼儿，在游戏中实现教师和幼儿的共同成长。

——张静《区域游戏在幼儿活动中的应用》

5.2 丰富（6~12岁）：儿童在与城市的充分联结中获得生长感

6~12岁是儿童感性能力发展的黄金时期，小学教育要走向丰富的审美化教育。站在一个人整体发展的角度来看小学教育，他不是用来学习的而是用来准备学习的，这一阶段应该重点培养孩子探究世界的热情。城市空间的亲儿童性，能让儿童在"玩"中"学"，通过"玩"与城市的人、事、物充分联结，并获得生长感。

小学阶段的学校教育

专栏
5-5

基于6～12岁儿童的特点，小学阶段的学校教育应注重以下四点：第一，课程综合化，中低年级要弱化学科课程，突出生活和综合课程，强化艺体课程；第二，培养孩子探究世界的热情，热情先于知识；第三，注重课堂教学活动过程的审美性教育；第四，降低知识的难度，弱化评价。

——湖南师范大学刘铁芳教授

5.2.1 长沙市实验小学：温暖、开放、包容的精神家园

长沙市实验小学创建于1905年，历经百年发展，积淀了丰厚的文化底蕴，形成了"每一个孩子都很重要，让每一个生命都绽放光彩！"的教育理念，学校将"儿童友好空间"的理念贯穿于校园建设之中，围绕"根植中华做行至世界的现代少年"育人目标，着力构建"He·趣"大课程体系，打造"大阅读"辐射全科的特色课程，以"阅读"提升师生素养。

（1）建设温暖的儿童家园

一个孩子在新校区建设意见书中提到：希望学校能有足球场。学校积极采纳孩子意见，在场地十分有限的情况下，开辟了几片足球场地。现在经常可以看到足球场上热情奔跑的小身影。学校结合"根植中华"的育人目标，将校园设计成传统书院风格，用孩子们自己的书法美术作品装点校园；秉承"行至世界"的育人目标，着力打造以数字化校园、智慧校园管理、智慧教学环境为一体的智慧校园，为学生提供个性化、多样化的教育服务。音乐、美术、创客教室、校园电视台等多功能活动空间为儿童打开了兴趣培养、多元认知之门。

（2）建设开放的儿童乐园

学校坚持"小、实、近、亲"的友好德育四字经，尊重生命自由生长的规律，着

力营造友好自然的教育环境，让每个生命绽放自己的光彩。从小处着手，自主开发了"尊师明礼""小洒扫与大学问""有礼家更美"等中华礼仪之美系列课程，将大道理化为小行动。从儿童兴趣入手设计儿童友好型学校建设、传统节日活动、法治教育等活动。学生发展中心制作了孩子喜欢的《小荷成长手册》，引导学生自主制定《小荷友好行为准则》，全体教职员工、学生、家长共同参与，孩子们在"友好课堂""友好行为""友好环境""友好家庭""阅读达人"等方面开展"小荷争章"行动，每学期为获得荷花奖章的同学们举办荷趣嘉年华，让学生充分收获成长的自信。学校成立了家庭、学校、社会共育的"家和学院"，开设了父母、教师共同参与的线上心理训练营，以丰富多样的形式与家长共话孩子成长。每位任课老师向来校的家庭提供一份孩子成长报告，各学科教师合力为孩子提出中长期培养目标，这是属于每个家庭的定制版、个性化的家长会。

（3）建设包容的成长学园

2007年至今，学校一直坚持尝试构建结构合理、富有特色的"HE·趣"大课程，不仅满足了每个家庭的需求，更引领着师生的成长。以湖南省教育科学"十三五"规划课题"小学生读书会组织策略研究"为切入点，开发大阅读课程。目前，已开展了160多次读书会，引导孩子们在阅读中丰富视野、结交朋友、体验快乐。学校发起并成立了"和阅"联盟，与26所学校和一些热心公益的社会机构一起推广儿童阅读，形成了友好、和谐的生态阅读圈。2019年4月《学校品牌管理》杂志以《与书结伴，百年名校绽新蕊》为题进行专版报道。自2013年提出实施"小乐器进课堂"项目，学校就根据年级特点，为学生免费开设非洲鼓、印第安笛、陶笛、竖笛、葫芦丝等小乐器。人人会乐器，班班能演奏，美妙的乐声浸润着孩子们的童年。

5.2.2 丰泉古井社区："小候鸟"流动儿童的城市融入

丰泉古井社区地处长沙市最为繁华的商业中心区，因历史悠久的"丰泉古井"而得名。古韵白果园、程潜公馆、湘江评论印刷旧址、长沙剧院、公沟遗迹、苏式建筑等古迹及老长沙特色民居古巷均聚集于此，历史底蕴深厚、人文气息浓厚、文保资源丰厚。随着近年来城市发展，社区常住人口也发生了变化，不少儿童跟随父母"迁徙"于此。社区具有人口密度大，外来人口多，流动性大的特点。

为增强"小候鸟"的城市融入感和归属感，促进流动儿童身心健康发展，2014年，社区以问题为导向，以妇儿工作为主导，开始探索以关爱城市流动儿童为重点的"儿童友好社区"建设。2016年，整合社会各类资源，与辖区东茅街小学、社会组织、企业等共同发起"小候鸟"流动儿童城市融入计划，在湖南大学儿童友好城市研究室沈瑶老师团队指导下，正式开展"儿童友好"城市社区建设实践探索与行动研究，持续得到联合国儿基会儿童友好型城市项目咨询委员会委员木下勇教授的指导与关注，以儿童和女性视角推动"儿童友好"社区建设，获得"湖南省家庭教育服务示范站""湖南省妇女儿童之家"称号。

（1）资源友好，激发妇儿工作新活力

从健全组织机构、完善工作制度、提高队伍素质三个方面入手，多方加强并共同推动社区妇儿工作，提升工作水平。通过"三社"联动，整合社会资源，有效回应社区居民需求，联合社会组织，组建专业化、公益性的项目志愿服务团队，实现社区与社会组织、专业机构之间的信息共享、资源共建。联合高校志愿者定期开展国学课堂、丰泉诗会、阳光暑假等文化艺术类社区活动。

（2）服务友好，搭建"小候鸟"新家园

万科树屋是"万科—儿童自然互动模块"研发项目成果，面积为2000m²，建成于2020年。万科树屋承载了孩子们童年回忆和梦想，是孩子们在大自然中的秘密领地。树屋模块的内容主要为树屋探秘、森林之网、不同的沙坑，通过观察孩子们通过观察同一模块中不同设计手法以及材料的使用程度，研究该模块的设计方向。沙坑模块使用了黄沙、白沙、褐色卵石、木屑、细砾石五种沙坑材料进行实验，观察孩子们更偏向使用哪种材料。钻筒模块主要针对攀爬、穿越、匿藏等空间，设计多个体量近似又略有不同的"坡"，孩子们可以在其中捉迷藏、探险寻宝。

（3）环境友好，绘就儿童友好新画卷

开设家长课堂，开展妈妈赋能计划，共建"社区口袋花园"，营造利于儿童成长的家庭氛围和社区环境。通过公益项目的开展，为居民提供参与社区服务的途径，培育共建共享意识。2014年为"小候鸟"们创作的"丰盈西里街巷艺术彩绘"，以及2018年初由湖南大学志愿者公益组织牵头，社区居民与"小候鸟"家庭群策群力共同绘就的"候鸟列车"长卷立体街巷墙绘，极大地提升了外来流动人口的参与感和归属感。

5.3 超越（12～18岁）：城市为儿童走向丰富世界提供起点

12岁是一个人大脑成熟的开端，也是个体立志的关键期。儿童在中学阶段充分地接触各种思想、事物和榜样，能引导儿童走向丰富的世界，进而思考自身未来应当以何种方式存在于这丰富性之中。中学阶段的教育，需要增加知识的宽广度，提高教育的多元化，通过兴趣引领学习，激发出对世界探究的热情，呈现出朝气蓬勃、热情、积极向上的生命气象。每一个儿童都是特别的，教育本身是个性化的。我们不能拿着一张教育图景去操作，而应该融普遍性于特殊性之中。当提供给儿童的城市空间与活动具有恰切的包容性与挑战性时，不同的儿童便能充分地参与，并发挥各自的创造性，在"学"中"玩"，体验超越自己的喜悦。

5.3.1 湖南师大附中：寻找自我生命的意义

（1）田野车间成课堂，坚持了30年的社会实践必修课

湖南师范大学附属中学每年寒暑假都会开展丰富多彩的研学活动，学生走进田间地头亲身体验插秧和收割、学习虫害防治与苗木嫁接，走进工厂车间近距离观摩试验操作和生产过程，周边世界成为孩子们最鲜活的教科书。

芒种过后，在浏阳市秧田村的田里，200名十六七岁的"新农民"正学习插秧、犁田。这些"新农民"是湖南师大附中的高一学生，每年的这个时节学校都会组织"学农"。对于许多孩子来说，这是人生中的第一次插秧，因此，操作起来完全不懂

"套路"。陪同的老师挽起西裤，脱下皮鞋，便下田现场教学了。"分秧要均匀，一般分为3~5株。插秧时，右手握住分在距离秧苗根部的5cm处，然后再插入田里。"老师一边传授经验一边插，半个小时里，他插了一半的田，秧苗排列得也十分整齐。孩子们感叹：如果插秧也分段位的话，老师无疑是王者级了。在场的一位老师告诉学生："我来自农村，六岁起开始插秧。"他鼓励学生要到农村这片广阔天地里学习农民的纯朴善良，学习农村学生的吃苦耐劳，学习村干部的勇于担当。这样脚踩在泥土里、心灵得到滋养和唤醒的时刻，便是最鲜活的教育。孩子们在烈日下，向着大地种下自己生命中美好的种子。

（2）个性与自主表达，探索职业生涯规划教育

为了让孩子们拥有清晰的职业生涯规划，学校每年都会邀请来自医疗、金融、建筑、规划、传媒、计算机、艺术等不同行业的专家对孩子们做行业宣讲，开展职业生涯课堂。活动旨在帮助高中的孩子，更全面地认知行业，根据自身的兴趣和社会需求，更科学地选择未来人生的方向。

5.3.2 湖南省博物馆：青少年定制课程

"博物馆教育+"儿童友好项目以湖南省博物馆教育中心为主导，积极探索博物馆儿童教育的新领域、新方法、新模式，为儿童、青少年打造出一个规划科学、布局合理、设施完备、活动多样、环境优越的儿童友好型教育场所。

湖南省博物馆教育中心坚持并创新"博物馆教育+"项目，引领儿童去体验和探索，一起感知历史的注解和文明的启迪。在儿童教育实践中，湖南省博物馆自主开发了千余场线下儿童活动、亲子活动。博物馆积极与教育部门、学校、社区合作，多次开展博物馆进校园、进社区活动，惠及长沙市各中小学校、博物馆周边社区；同时，通过移动探索车多次送展下乡、送展下校，深入怀化会同、郴州嘉禾等地乡镇中小学，丰富各地区儿童的精神文化。湖南省博物馆紧跟时代需求，策划并开展了"岁时记""馆校合作美育课""云赏经典"等多项线上教育课程，创新博物馆儿童教育新方法。

5.4 回归（曾经的儿童）：城市为成人走向儿童提供多元化途径

每一个成年人都是曾经的儿童。虽然在成长的过程中逐渐被去儿童化，但儿童时期是每一个人生命的起点，是成年人不断想要回归的精神"故乡"。身边的儿童总是带领我们重新回到自我生命的起点，与其说儿童需要我们，不如说我们需要儿童。我们需要在给予儿童美好生活的过程中不断丰富当下的人生，润养自我的童年。那么，如何走向儿童，以成人的姿态？显然不是，我们需要蹲下身子，让儿童与我们平等地对话。

我们需要城市的空间和活动为我们与儿童相遇提供场域，让成年人有丰富的途径走向儿童。成人对儿童游戏的多种形式的参与并非可有可无，而是儿童游戏的一部分，是儿童通过游戏并且在游戏中达成生命成长的一部分。当父母和孩子有沉浸在亲子活动的过程中时，孩子便能拥有一个温暖的童年，父母也能在更高层面演出自己的童年。长沙一直注重为孩子和家长提供更多有意义的亲子活动和父母成长平台。

5.4.1 亲子 + 健康，让陪伴充满活力

给孩子最好的六一礼物，是带他"漫步"湘江，养成良好的运动习惯。2021年5月30日，全国"奔跑吧·少年"儿童青少年主题健身活动湖南省单项示范性活动暨2021长沙（春季）走娃少儿健走大赛在长沙滨江文化园开幕。5000组亲子家庭相聚湘江畔挑战15km毅行，成为当之无愧的中国最大规模集体遛娃，活动旨在引领全民健身、促进儿童身心健康和家庭和谐。

5.4.2 商业企业 + 社会组织，共建共享家

长沙市河西王府井PARK共享家项目是社会组织与商业资本合作进行的尝试。PARK共享家集合长沙王府井河西店Family Park的家庭主题元素及HOME共享家公益

志愿的使命，以空间共建为方式，共建共享为原则，营造专属于家庭共建者的公共空间。王府井提供约120m²的场地设置儿童游戏空间，由PARK共享家共建家庭联合运营，面向全市家庭共建者免费开放。空间服务于0～12岁儿童，旨在家庭文化培育、亲子教育、家庭教育方面为80、90家庭搭建平台。现在已成立家委会（由家长志愿者组成），由家委会不定时发起活动，并协助空间运营和管理。王府井也在该项目实施过程中，吸引众多亲子家庭的前往。通过商业企业与社会组织结合，让更多的家庭在关注孩子教育的同时也实现自我的提升。

| 小学阶段的学校教育 | 专栏 5-6 |

第一次来到共享家是河西王府井刚刚开业那会，我也刚刚来长沙，打算带孩子过来读书常住。王府井的装修很有特色，我被天然绿化的室内装修所吸引，漫步到六楼，看到一个独立的空间，有桌子，有书架，展架上面写着什么，我没有细看，径直走了进去，遇见了小白菜。她和我解释这里是"PARK共享家"，是由王府井及HOME共享家联合运营，为0～12岁孩子和家庭服务的一个空间。我当时没有太明白，只了解这是一个公益组织，而公益组织我以前还从来没有参与过，显然与孩子有关的任何活动都能深深吸引我。

慢慢的，我从共享家活动的观看者，到参与者，到积极组织者：组织第一次家庭共建的"团圆"绘本活动，组织PARK剧场的"最奇妙的蛋"绘本演出活动，参与家庭会议，参与户外活动。我慢慢领悟到，共建家庭原来是这样：把原本不熟悉的家庭联系在一起，从分享大家的物品（书籍、玩具），到分享大家的智慧、经验（家庭会议、每次的特色活动），无论你是参与者（组织、策划、协助）还是观看者，都能从中受益。

现代都市发展越来越快速，沟通方式渐渐被更快速的网络通信设施所代替，人也越来越浮躁、功利，很庆幸城市的这一角落有个空间，让我们停下脚步来观察孩子，关注家庭和自身的内心需求，同时也学会关心他人，关注身边的环境。

也许共享家就是我们未来的理想国度、世外桃源吧！在这里每个人都能各司其职，所有共建家庭都是和睦的左邻右舍，孩子们嬉戏打闹、游玩探索，大人们也能在闲时畅谈、交流，关注自身的学习和成长，这片纯净的土壤，让每个家庭都得到了滋养。

——一位HOME志愿者自述

第 6 章

参与与自我实现

> 人的内心里有一种根深蒂固的需要——总想感到自己是发现者、研究者、探寻者。在儿童的精神世界中，这种需求特别强烈。但如果不向这种需求提供养料，即不积极接触事实和现象，缺乏认识的乐趣，这种需求就会逐渐消失，求知兴趣也与之一道熄灭。
>
> ——B. A. 苏霍姆林斯基《给教师的建议》

一个社会的可持续发展必须以儿童福祉为中心才能实现。让儿童重新成为城市各种公共事务考虑的焦点是一个很有价值的方向，在朝这个方向前进的过程中我们不禁思考：如何才能保障儿童的需求在城市发展过程中得以实现？在什么样的环境氛围下能够让城市的关注聚焦在儿童本身？这些问题都将与城市环境联系起来，构建儿童友好型城市不仅是空间设计问题，它倡导的核心主旨应该是城市发展要以儿童需求为中心，让儿童参与城市发展事务的同时，还要营造出适宜儿童健康成长的欢快氛围，真正实现让城市回归儿童，让城市的公平与公共主流价值观重新回归儿童。

当前城市儿童的生活越来越受到禁锢，他们仅有极少的时间可以自由随性的玩耍，并且游戏活动集中发生在网络世界、社区游戏场地、托儿所及学校内，儿童很少有机会能够进入公共敞开空间和自然环境。儿童在室内的电子游戏、家庭作业、技能培训取代了大部分的室外活动，许多儿童过着剧本式的生活，充满焦虑，缺乏独立自由的游戏机会，正过着呆滞、静止式的生活。由于高规则化和监督型的生活，如今儿童参与社会实践活动和相互渗透的空间平台无论在数量上还是机会上都进一步减少，城市环境中儿童活动平台的缺失将会不断侵蚀儿童的身心健康。

基于此，本章将基于城市和儿童的相互关系分为3个部分。第一部分"温暖的世界：以我之名表达爱家之深情"，主要讲述儿童的成长需要家园的陪伴，通过参与游戏与活动建立完整的"家园观"，构建起儿童与家园之间爱的联系，儿童能够"以我之名、以爱之意"充分参与到认识家园、感知家园、守护家园中去。第二部分"童趣的世界：搭建欢声笑语的成长平台"，主要讲述城市氛围对儿童成长的影响，营造欢快童趣的世界，搭建多姿多彩的成长平台，吸引儿童走出家门，参与其中、乐于其中、学于其中、长于其中。第三部分"碰撞的世界：儿童与城市成长满怀拥抱"，主要讲述儿童的成长与城市的发展要相互成就，在城市规划与发展中要充分保障儿童的参与权，通过活动与平台让儿童的需求与福祉充分表达，在城市发展过程中尽显儿童智慧，尊重儿童诉求，并且儿童参与公共事务的过程中能够保障其发展权，不断地超越自我、实现自我、点亮自我之未来。

6.1 温暖的世界：以我之名表达爱家之深情

> 家园，其实就是那样一个湖，一段时光，一个下午，一个黄昏，一种味道，一些模糊的记忆，一种在流浪途中回首时，泪急涌眶的苍凉。
>
> ——韩落松《湖边的密码》

6.1.1 认识家园

人类与家园是同一命运共同体，相知才能永远相伴。儿童是人类的起始也是人类的未来，以儿童为主体认识家园的历史变迁与未来方向，对促进城市健康可持续发展意义非凡。虽然家园环境纷繁复杂但有其内在发展秩序，其变化莫测且充满力量，而人类却常常忽视其蕴含的内在秩序与强大力量。引领儿童系统认识所处家园跨时空尺度的发展进程，沉浸到城市发展史诗中感受人类文明的强大力量，立足当代文明建设，延续文化自信传承，树立家园主体观念，可以让儿童更加了解并热爱自己的家园。长沙市组织了多种多样的活动，带领儿童认识家园，穿越在长沙城过去、现在及未来的不同时空，感受长沙城市的变迁与发展。

穿越时空，感受长沙的历史故事。长沙市博物馆每年举办的"哇哦，博物馆！"，在2020年北京师范大学教育学部ELE童博汇年度评奖活动中获得"十佳活动奖"。该活动以"体验式互动展览"的形式，营造有趣可亲的长沙历史文化时空，专门为儿童设计了发现探知区域，遵循乐知、乐学、乐行的理念，以博物馆台前幕后各工作为索引，引导儿童化身"博物馆学艺员"，以发现者、管理者、保护者等身份，引领孩子们在认识长沙历史文物的同时，加入到文物修复工作中，不仅提高了文物保护意识，还沉浸在历史长河中感受到了文物传达的家园精神文明。此外，长沙市博物馆还携手长沙市教育局，结合常设展与特设展的系列开展主题导览活动，深受孩子们的喜欢。"穿越小达人"针对不同年龄段的儿童设置专项导览活动，鼓励中小学生根据导览在博物馆内进行自主观察与探索。例如"穿越小达人·天才设计师"体验活动，鼓励四年级以上的孩子们在工作人员的引导下，穿越盛唐时代，感受唐风妙彩，沉浸到一千多年前唐代长沙窑陶瓷丰富多彩的艺术世界，学习唐代时期长沙窑工匠们在色彩、造型、线条、书法、文字等方面的艺术突破及特征，找到蕴含其中的创意，完成天才设计师的任务。"精美的展品增进了我对历史文化的了解，我为中华灿烂辉煌的文化而自豪。""了解了一些清代宫廷生活用品的艺术特征，以及宫廷生活用品背后的文化内涵，学会了从新的角度观察与思考。""参与发现活动，使我的观察和思考能力有了增强。"这些洋溢着收获的参与感受，见证着孩子们在求知路上的不断成长。

回归当代，宣扬儿童友好型星城。2020年"六一"儿童节，长沙市创新活动形式，举办了"城市+"公开课之"儿童友好·美丽长沙"主题活动。此项活动邀请长沙首批创建儿童友好型试点学校中的受益儿童作为演员，通过舞台剧的形式向大众形象生动地展现了长沙市自2015年以来在建设"儿童友好型城市"中采取的系列友好措施。活动现场还举行了"寻找春天"大赛颁奖仪式，鼓励儿童与时代同频共振，将画笔和镜头融入生活，去发现记录长沙暖春之美，并创造心中的美好长沙，入围的作品会在长沙市规划展示馆集中展出并进入社区进行巡展。长沙市每年举办"我和长沙的20××"中小学生征文比赛,评选出的优秀作品将在公共平台进行展示,让儿童对城市发展享有更多的知情权、参与权、建议权,从而获得更多的幸福感、快乐感,并为广大青少年儿童创建了"建设长沙·赞美长沙"的发声平台,让政府管理者、社会公众可以更加全面地认识儿童视角下的长沙形象。这些活动完美营造出儿童优先的氛围,提高了儿童对社会公共事务的参与度以及社会对儿童友好的认知度。

畅想未来,唱响城市光明之歌。长沙规划展示馆的"小小讲解员"活动给予了儿童学习并展示自我的舞台。该活动通过授课培训、外出考察、实战训练等方式,增强儿童对长沙市未来规划及发展的认识,通过理论与实践相结合的方式把参与者培养成为合格的"小小讲解员",不定期为参观者提供贯通古今及展望未来的讲解服务。在参与过程中要求重点讲解长沙市近、中、远期发展规划,小小讲解员们在深刻认识长沙城史今翻天覆地变化后,对未来与前景讲述得愈加生动形象、深入人心,受到来自世界各地参观者的好评。在儿童参与过程中,不仅加深了孩子对长沙城市的认识、丰富了童年生活,更重要的是在参与及被认可的过程中树立起自我信心,发现了自我价值,助力于自我的未来发展。

6.1.2 感知家园

儿童是最熟悉自然界的专家,在自然环境中儿童具有独特的感受以及特殊的环境与社会需求。在感知自然环境活动中应该增强对儿童群体的重视,为儿童提供可持续性的自然空间体验,促进他们与周围环境建立联系,让久在城市、缺失自然体验的孩子们能主动地亲近自然,正确地体验与感悟自然,与自然产生友好链接,从而成长为一个独立而完整的生命个体,并自主自发地参与到城市可持续的发展和生态自然的保护中,培养起儿童在推动城市可持续发展过程中肩负的历史使命与责任担当。长沙市创办了众多有关儿童"感知家园"的主题活动,例如"风孩子陪伴成长计划"与"那河·那桥·那城"等代表性活动。

用手触摸自然,践行保护家园。自2015年起,扎根湖湘本土文化成长起来的自然教育爱好者，发起了"凤孩子陪伴成长计划"。该项计划涉及丰富的自然体验活动，包括自然农夫、自然笔记、自然飞羽、自然课堂等。自然体验活动从孩子的成长视角出发，充分发挥孩子的创造力和想象力，和孩子共同参与设计与完成，包括实验小学垃圾堆肥、烈士公园森林导赏、大泽湖湿地观鸟、水稻种植等。同时，还支持孩子们参与设计和举办属于自己的节日，包括米乐会、自然笔记分享会等。在自然体验中，除了发现自然的美好，可能也会发现破坏自然的问题，出于爱的动机，孩子们会用友好的方式参与改变。比如，在居民小区的自然体验中，孩子们发现了社区不足的地方并给社区领导写社区建议和倡议，在这个过程中不断增强了孩子们对社区的参与感、认同感、荣誉感和归属感；在饮用水源地探访行动中，孩子们看到有游泳和垂钓等破坏水源的现象会积极拨打监督举报电话，参与到饮用水源的保护中。有的孩子在参与活动前，被认为存在行为障碍症，但在持续的自然体验中，他们逐渐找到了自己生命成长的节奏，也更被理解和接纳其自然的生命状态。在深入和广泛的参与中，提高了儿童可持续发展的生态素养和综合能力。

"谁的叶子最厉害"游戏场景及宣讲师说 | 专栏 6-1

【游戏：谁的叶子最厉害？】

"你有黄色的叶子吗？"

"你有被虫咬过的叶子吗？"

"你有心形的叶子吗？"

一场"叶子争霸赛"在洋湖湿地公园举行，小朋友们按照"波斯猫"老师的要求，收集了尽可能多的特别的叶子。这是一个晴朗的夏日，大树投下绿影，风经过水面吹来凉意，湖中荷花鲜妍，紫色的梭鱼草花簇拥在水边。

就在水边的大柳树下，大家仔细观察收集来的树叶，分析其纹理、形状等特征，一番仔细观察与自我分析后开始比赛谁的叶子最特别。所有孩子均是沉迷的参与者，大家趴在地上，精神高度集中，激烈的讨论，纷纷表述着自己收集到叶子的独特性，孩子们因激动而小脸通红，胜则欢呼，败则立刻起身重新寻找叶子。

柳树叶子纷纷扬扬地飘落。一个简单的自然游戏，带来一个愉快充实的下午。凭借一片既有虫眼又有枯边形状奇特的构树叶子，最终获得了胜利，孩子们把自己喜欢的叶子带回了家。

【自然宣讲师说】

一定要让孩子有机会在自然中活动，经由自己的真实体验，与自然联结，建立丰满充盈的认知和情感。——波斯猫

生命源自于大自然。让我们一起用爱和敬畏的心，与孩子一起探索大自然的美妙与智慧，一起回归生命本源。——花生米

有的家长听得比孩子还要认真。身为成人的我们，内心也住着一个天然亲近自然的小孩。——回旋

暑期自然公益课堂的陪伴时间很短，但我们对自然的探索依然很漫长。——江芬芬

通过观察身边的自然，反观生命的内在，力量由内生长，成为一个完整而独立的生命个体，拥有寻找幸福的能力。——西米

——《暑假，一起守护"惊奇之心"》

用脚丈量大地，亲子陪伴家园。"城市+"公开课之"那河·那桥·那城"，打破公开课固有模式，将活动现场搬到浏阳河上，亲子家庭在专业老师的带领下，亲近大自然并沿河进行考察，了解浏阳河水生态治理、浏阳河上的桥梁及沿河城市建设情况，孩子还对城市发展以及生态文明建设等方面提出了自己的想法与见解。引导儿童走出虚拟的网络世界，发现真实自然世界中的美好和趣味，在自然体验中关照和滋养自己的身心，从情感上养成对大自然的敬畏之心、感恩之心、守护之心和参与之心。从中激活生命参与自然体验的内在动力和热情，并养成自我探索的意识，从而实现自主成长。

6.1.3 守护家园

身为人类的我们，无时无刻不在改变自然，改变家园的模样。在现代化、城市化快速发展的今天，无止境的欲望让人类肆意的索取养分、破坏环境，家园不堪重负。以前，这片蓝天下人类与家园相处的其乐融融。现在，这片蓝天下心灵的变质导致环境遭到了破坏，工业废水废气无节制排放、围湖造田、过度放牧等人类行为严重威胁到人类赖以生存的家园。儿童是跨世纪的公民、新世纪的接班人，在与家园相处的过程中，萌生促进家园永续发展的观念，建立保护与呵护家园的责任意识，对促进21世纪的人类家园保持天蓝地绿水常清具有积极的作用。

个个争当好少年，人人守护长沙蓝。长沙市自2018年启动了"长沙蓝·青少年生活垃圾分类公益志愿行动"。这项活动是以少先队员为主体力量、以青年社会组织为执行骨干、以生活垃圾分类为主要内容、以习惯养成为主要目标的公益志愿行动。深入人心、深入基层，将养成垃圾分类的习惯融入人民生活，以儿童为核心，向外辐射影响更多的人参与其中。活动通过舞蹈、小品以及科普情景剧等多种表现形式，对青少年环保理念掌握、环保实践开展、生活垃圾分类习惯养成等多方面成效进行生动展示，充分彰显了广大儿童、儿童社会组织、儿童志愿者等主动投身污染防治攻坚战，全面参与生态文明建设的生动实践。以儿童为中心，通过小手牵大手带动家庭和社会投入生活垃圾分类攻坚战，做出成效，形成特色，推动家庭、带动社会把生活垃圾分类落实到日常生活，形成了人人知晓、人人参与的浓厚氛围。该项活动从青少年环保知识教育、环保实践行动、环保习惯养成等三个层面逐次推进，从而达到教育一个孩子，养成一个习惯，带动一个家庭，影响一个小区，清洁一座城市的目标，成为青少年参与环保实践的新内容、思想教育的新途径、习惯养成的新载体，成为长沙青少年的新时尚，成为生活垃圾分类、建设美丽长沙的闪亮名片。

点点环保好少年与点点环保好中队

【点点环保好少年】

来自岳麓区博才阳光实验小学的刘宣瑶被评为五星级"点点环保好少年",她通过"动起来""学会分""坚持做"三部曲,让更多的人加入垃圾分类的队伍。她呼吁身边的人少当垃圾的生产者,争当环保的守卫者,并第一时间学会垃圾分类,通过自制和玩扑克牌的方式,让队员们对垃圾分类有了更精准的了解。用微小的力量,影响更多人参与到垃圾分类的行列中,让长沙的天空更蓝,让垃圾分类成为新时尚。

【点点环保好中队】

来自长沙市开福区第一小学苹果树中队的环保志愿者——辅导员徐健英与中队长陈钧谊,作为点点环保好中队的代表分享了他们的生活垃圾分类志愿具体行动。"我们一起制定了切实可行的《苹果树中队好少年21周垃圾分类习惯养成》方案,并逐步落实到位。"徐健英介绍,该中队通过抓住学校主阵地,开展了精彩纷呈的垃圾分类相关活动,如通过垃圾分类黑板报、手抄报,参加环保四连漫画等,进一步宣传垃圾分类的重要性;开展了垃圾分类小讲堂、垃圾分类小妙招和垃圾分类宇宙空间站等特色活动,打造中队学习掌握垃圾分类知识有趣有料的宣传阵地;队员们在家里和社区里争做垃圾分类小先锋;中队还组织队员们参观长沙市固废垃圾处理厂、长沙市垃圾中转站、餐厨垃圾的处理中心,让队员们了解了全市垃圾分类处理情况,认识了每种垃圾从产生回收到处理的全过程,更加深刻体会到垃圾分类对生活环境的益处。

——"长沙蓝·青少年生活垃圾分类公益志愿行动"总结表彰大会

6.2 童趣的世界：搭建欢声笑语的成长平台

> 即使是最好的儿童，如果生活在组织不好的集体里，也会很快变成一群小野兽。
>
> ——马卡连柯《马卡连柯教育文集》

6.2.1 儿童参与友好城市的实践基地

长沙规划展示馆是长沙城市建设与规划成就的重要窗口，是集规划展示、科普教育、公众参与等多种功能于一体的专业展馆。在创建儿童友好型城市的过程中，长沙规划展示馆被评为长沙市最重要的儿童友好实践基地。

长沙规划展示馆自投入使用以来，始终致力于长沙市儿童友好型城市的创建工作，通过组织内容丰富，知识性强的多项活动，在引导社会各界人士关注儿童成长，尊重儿童的梦想与期望，保障儿童的生存权、受保护权、发展权和参与权等方面意义深远。长沙规划展示馆曾两次邀请联合国世界儿童基金会负责人来到长沙，参加"点亮儿童未来"世界儿童日长沙站点亮仪式，并通过优势资源整合，联合国内外高校、长沙市社会组织以及基层社区等各界专家代表共同发声，呼吁社会公众广泛关注城市儿童的健康以及未来。每年举办的"小小讲解员""小小规划师""长沙小达人""环球小达人"等实践活动拓展了青少年的视野，成功搭建了儿童"建设长沙、赞美长沙"的发声平台。"城市+"公开课等活动勇于创新，不断打破常规的活动形式，深受广大青年青睐，活动参与过程中社会公众对儿童友好的认知度和儿童对社会事务的参与度普遍提高。凡能有机会让儿童参与的活动，展馆都会用心设计，创造机会，让儿童更多地参与到展馆能涉及的领域内，倾听他们的心声。长沙市规划展示馆力争打造强大的儿童友好实践基地，始终坚持三大原则：重视儿童权力，打造儿童发声平台，利用自身平台优势，为儿童提供参加城市规划建设和管理的建言机会；高起点高站位，整合资源切实推进儿童友好，携手联合国儿基会等权威机构开展"点亮儿童未来"系列活动及多元化品牌活动，持续保持儿童与城市的链接；不断创新活动形式，从儿童视角开发活动项目，满足儿童需求，促进儿童成长。

目前，长沙规划展示馆已初步形成资源丰富且运行成熟的实践平台，各类儿童友好活动开展得有声有色，并且在组织策划方面勇于挑战，敢于创新。未来长沙规划展示馆将进一步创新管理模式，优化展馆环境，不断提高活动的趣味性、知识性，不断提高活动内容与儿童友好型城市建设的契合度，呼吁广大市民发现不一样的儿童友好，共建有态度、有温度、有童趣的儿童友好型城市。

6.2.2 凝聚童趣与活力的多彩舞台

公共领域是儿童学习、探索、观察社会、吸收其价值和赢得归属感的重要地方，生命不可能在家庭、学校、游戏场和俱乐部的限制中获得正常成长。城市作为承载儿童成长与发展的载体，应搭建起儿童通往公共空间与自然环境的美丽桥梁，建立丰富多彩的活动平台，组织多种多样的活动游戏，营造儿童友好、欢快童趣的环境氛围。给予儿童足够的展现平台与游戏机会，以儿童为主导，引导儿童成为娴熟的组织者和协调者，不断挖掘儿童多才多艺的能力，使孩子们能够熟练地切换技能以适应不同的环境，全面促进儿童的自制能力将使其受益终身。

齐心协力，营造童趣欢快的健康氛围。长沙市个人、政府、社会等组织为儿童提供多方位的展示平台与延伸服务。长沙市博物馆每年都会组织开展"哇哦，博物馆！""穿越小达人"等多种类型的儿童主题活动，带领孩子们身临其境感受长沙故事。长沙音乐厅每年暑期举办打开艺术之门系列演出，让孩子们感受艺术文化熏陶。长沙市图书馆打造"故事驿站三点钟"等亲子阅读品牌，开展"阅天下·青苗在旅图"等主题活动。长沙市科学技术协会、长沙市科技局组织了青少年科技创新大赛等多项科技创新类活动。长沙市妇女联合会组织"书香飘万家"亲子阅读等儿童主题活动。杨陶如家庭成长关爱中心组织"呵护明天——芙蓉区未成年人权益保护伞"培育专业的儿童性教育公益讲师，每年开展以家庭性教育为主题的公益课，并全方位深入，将性教育知识普及到全街道、学校、家庭中。长沙市特殊教育学校每年开展"送教上门"工作，对长沙市内重度、极重度残障儿童开展义务送教上门服务。"母与女"团队带领儿童参与长沙儿童友好型城市公共空间设计与改造大赛，以儿童友好为纽带，一起分享好的设计理念，并结合项目、节日，不定期组织策划儿童参与的活动。以此为代表的长沙市各级政府机构与社会组织均积极参与到关注儿童成长，创建儿童城市的行动中，通过多样的活动设计契合和满足儿童不断外延性的兴趣，保持他们的游戏激情，培养他们的各种成长技能，促进他们的发展能力。甚至有些活动邀请儿童参与设计，以满足儿童的成长需要，以及社会发展对儿童的需要。长沙市多组织、多平台、多民众共同致力于儿童友好型城市的创建，通过多类型的游戏活动不仅提升了儿童成长技能，促进了儿童身心健康成长，也使城市更加充满童趣，活力四射。

6.3 融洽的世界：儿童与城市成长满怀拥抱

> 儿童与青少年的需求，尤其是关乎他们成长的居住环境应该得到充分的考虑，在城市、城镇和社区建设过程中的公共参与环节，尤其应该将他们的需求纳入其中，从而确保儿童生活环境更加安全，同时还应充分尊重儿童环境认知的视角、创造力和认识能力。
>
> ——UNCHS，1996

6.3.1 "一米眼光"点亮未来

儿童需求与可持续发展之间的关系不像成人作为管家代表儿童利益者的关系，我们必须要承认儿童在城市规划、发展及实施过程中具有公共参与、辅助决策的能力。

在城市发展的过程中充分听取儿童的建议与诉求，将更加有利于创建为全民所喜闻乐见的儿童友好型城市。长沙市一直致力于这项目标，通过组织"发现星城"等系列活动，保障儿童参与城市规划与发展的权利，也充分印证了儿童公共参与具有极大的积极性与指导能力。

争做长沙小医生，一米眼光看星城。为了让儿童善思考、敢发声，"发现星城"活动打造了学习探究、实践调查、建言发声的完整服务体系，引导青少年站在了城市建设的舞台中央（图6-1）。"发现星城"的实践调查细分为"文化星城""环保星城""智造星城""城市安全""科技星城""城市交通""宜居空间""能源星城"等八个主题。每个主题实践都得到了相关单位的积极配合，每个主题都研发了相应的专家讲座，帮助青少年"且行且学且思考"，感悟和思考城市的发展，畅想未来建设。孩子们基于"发现星城"实践思考和日常观察，提出了对未来城市建设的建议和期待。儿童在参与"发现星城"系列活动过程中提出的建议被编辑成册，郑重递交给长沙市自然资源和规划局，并在长沙的城市规划和建设中被参考和落实（专栏6-3）。让孩子们感到有意义和温暖的是这座城市的倾听和尊重。砂子塘吉联小学学生易思涵，在与联合国儿基会儿童保护处彭文儒先生交流时表达的感受就很有代表性，"虽然我们年纪小，但在长沙我们也可以改变城市。我们学校附近的一座垃圾站，总是飘散臭味到校园。我和同学们提出了整改的建议，市政府的叔叔阿姨非常重视，现在已经大大改善了，我觉得，长沙就是一座儿童友好型城市"。《人民日报》以易思涵积极建言并被采纳的事件为素材，以"请青少年建言献策，让青少年参与城市治理"为题进行了专题报道。这项活动证明，在规划城市空间过程中创造力与公共参与没有年龄限制。用儿童的视角观察城市治理的不足，让青少年为城市发展建言献策，使下一代成为参与城市建设的主角之一，而这正是长沙市积极探索儿童友好型城市建设的新举措。

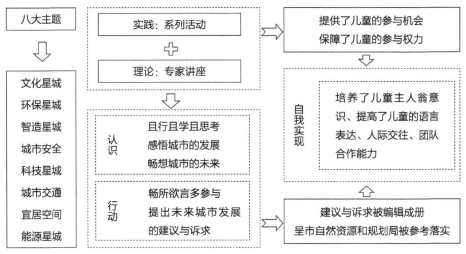

图6-1 "发现星城"系列活动框架与机理

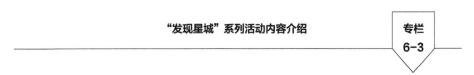

"发现星城"系列活动内容介绍

专栏
6-3

【基于儿童视角的城市问题发掘】

扎针地图——儿童视角下的城市空间安全性、便捷性。长沙儿童友好校区周边设计以提高儿童上下学出行的安全性、便捷性和趣味性为目标，基于儿童是"儿童问题的专家"的共识，尝试通过各类"沟通行动"规划方式吸引儿童参与，为方案编制提供参考和依据。例如，让儿童自己走放学路，在微信平台调查学生居住的位置及上下学的路径分布情况，可为校区周边慢行线路、步行巴士线路及公交线路等的方案设计提供精准、有效的信息和数据支撑。

手绘地图——儿童视角下的积极空间与消极空间。根据儿童心理特征，工作营设计简单易懂的校区手绘地图，收集儿童认为学校周边最有意思的地方、最不喜欢的地方，以及最危险或害怕的地方等等，在设计中体现儿童的真实意愿。儿童在地图上画上一个个三角形，黑色三角形代表安全、愿意逗留的区域，红色三角形代表危险地带。其中，黑色三角形主要集中在小区、公园等人多的地方，红色三角形则主要分布于人行道和车辆较多的地段。以岳麓一小为例，活动共收集主要问题点10处、感兴趣点6处。聚焦于儿童熟悉的领域，让儿童平等地参与到城市公共事务中，从儿童的视角出发规划与设计出更加安全与便利的环境空间。

【基于儿童需求的改造规划与实施】

长沙儿童友好规划在运用"沟通行动"规划工具的时候并没有拘泥于理论的条条框框，而是以问题为导向，儿童通过主题绘画与愿望纸条的方式参与改造项目库的拟定过程。规划师从儿童参与的"我是规划师"主题绘画中提取儿童希望城市所具备的空间要素，如道路标识、设施等，以提高方案设计中的趣味性和辨识性。在岳麓一小的规划案例中，工作营一共收集600余张小学生们的愿望纸条，其中交通改善型愿望共200条，公共空间设计型愿望共400余条。随后，在学校美术课上，学生提供了爱心斑马线、交通标识和巴士站点等美术作品共计371幅。规划师们通过对这些美术作品的分析，发现其与愿望纸条诉求存在较强的相关性，儿童心中的愿望和现实规划存在的问题都通过画笔展现了出来，设计师需要做的就是将现存的规划问题与儿童的绘画作品进行关联、梳理，形成拟改造的项目清单与方案。在项目实施过程中，工作营要求每一个实施项目都必须将儿童作为其实施的主体之一，使儿童的愿望在项目实施过程中得到体现。

——面向"沟通行动"的长沙儿童友好规划方法与实践

6.3.2 "一米声音"畅所欲言

儿童的福利事业是不可能由成人取而代之的，政府应该认识到儿童在决策环节中具有潜在能力，应该成为真正的参与决策者。儿童权利告诉我们儿童不是受成人管制的附属品，儿童有能力进行真正的公共参与，以此培养城市归属感与主人翁意识。儿童的公共参与将促进社区的发展，他们会提供不同的视角以完善大众的需求，促进规划师和其他专家更好的理解儿童群体的差异性，让彼此交换意见增进对于建设美好环境的理解，儿童参与度越广泛，将越有利于每个人。长沙市提供了多种多样的儿童参与协商与决策的平台，吹响了"儿童之声"的号角，培育出弘扬主人翁精神的一方厚土。

通过线上平台建设促进儿童畅所欲言。研发"长沙儿童友好成长树"微信公众号，在线上城市社区中种植一棵属于自己的成长树，记录儿童成长轨迹。此平台包括"童趣空间""星城随拍""成长乐园"三个功能板块。儿童可以通过平台便捷的查询各类儿童空间及设施，并进行使用评价，可以随时随地街拍城市各类友好与不友好的画面，分享自己对于城市建设的感悟及建议，政府按照儿童提出的问题进行回应与整改；通过参加各类社会活动、对城市体验的反馈、学习互动等方面来精心培育浇灌属于自己的成长树。

通过组织平台建设真正实现儿童参与。2018年，长沙市少工委、团市委召开少先队长沙市第七次代表大会，全市386名少年儿童和少儿工作者代表参会，把竭诚服务少年儿童快乐生活、全面发展、健康成长，助力"儿童友好型城市"建设作为今后五年全市少先队工作指南。在参与会议、畅所欲言的过程中提高儿童的参与程度和自我导向度，培养儿童参与社会治理的责任感与主体意识，参与过程中不仅实现了自我自信心与自尊感，也推动了儿童友好型城市建设的可持续性，儿童参与所带来的连锁效益超乎想象。儿童参与不仅仅具有社会性，而且也是非常私人的行为，公共参与对于具体的社区发展和敏感的儿童政策具有非常明显的外部目的性，同时也培养了儿童的自我尊严和自我效能等内在方面，这些都是公民应具备的基本素质。2018年，长沙市启动社区少工委建设项目，组建"儿童议事会"，积极搭建儿童友好参与互动平台，开展形式多样的儿童参与活动。让儿童了解城市、关心城市、思考城市发展问题、知晓并捍卫自身权利，成为社会进步的重要力量。儿童议事会成员代表和联动儿童参与跟他们相关的社区事务及社区服务，从"1米高度"的视角为社区做体检，发现城市问题后通过议员商议提出解决方法，与成人志愿者一起参与社区服务工作，共同守护生活家园的碧水蓝天。长沙市不断加大儿童议事会培育力度，在学校、社区成立以儿童为主体的议事组织。开展"童视角，童参与"儿童议事会等主题活动，逐步培育儿童的议事能力，增强儿童参与公共事务的意识。特别关注留守儿童、困境儿童、流浪儿童等特殊儿童群体的公共参与，探索建立儿童需求从表达到落实的全流程、长效化机制，实践儿童参与的"共治、共建、共享"社会治理新格局。儿童议事会不仅锻炼和提升了儿童的语言表达、自我管理、团队合作、人际交往等能力，在这个过程中儿童也起到了纽带与桥梁的作用，以儿童为链接加深了邻里与师生的情感，增强了社区与校园的凝聚力，也带动了社员及同学们参与公共事务的积极性。

刘梦瞳参与"儿童友好与城市国土空间规划活动"的演讲稿 | 专栏 6-4

今天，我很荣幸来到了岳麓山下的爱晚亭，参加此次"儿童友好与城市国土空间规划"的活动。"停车坐爱枫林晚，霜叶红于二月花！"爱晚亭是青年毛泽东探求革命真理的地方。20世纪初期，毛泽东离开故乡韶山，来到了我们长沙。在第一师范求学，他常常与同学等人携游爱晚亭。长沙还有许许多多的历史文化与革命场所，他们不仅停留在我们的课本里，也通过城市规划的保护与还原，隐藏在我们的城市大街小巷中，等待我们去探秘。

【我是如何认识长沙与长沙规划】

在我幼儿园时，我参与了规划展示馆的"小小规划师活动"。那一次，我组装拼起了一个自己的爱晚亭。它让我脑海里有了尺寸和大小的概念。这给我留下了深刻的印象。我看的第一本关于城市的绘本是《探索长沙地铁规划的奥秘》。我知道了长沙地铁2号线规划与修建的故事，启发我去思考：城市的交通出行对我们的生活有多大的影响。小学四年级暑假，我参加了"小小讲解员"活动，这次培训让我对长沙的历史、文化、经济，特别是长沙的规划历程，有了更深入的了解。那高耸入云的大厦、源远流长的历史遗迹，其实对于我们的城市都是很重要的宝藏。后来，我陆陆续续地参与过很多期的"城市+"公开课，让我印象最深刻的是"那河·那桥·那城"

的主题公开课。这是一次不同于寻常视角的城市认识之旅，坐在浏阳河的游轮上，看两岸白鹭飞行，从一座座形态各异的浏阳河桥墩下穿行，听老师们讲述长沙城市日新月异的变化，还有维护城市鸟类生态环境的重要意义。这些都让我觉得，城市规划工作离我们小学生的世界并不遥远。尊重自然、敬畏自然，和城市共成长，让我们热爱的城市更美好是我们儿童与大人们应共同肩负的社会责任。

【怎样的城市更具吸引力】

我想衡量现代城市规划好与不好，就如同我们玩拼图游戏——要确保每块拼图都放在合适的位置，每一个可用空间都被合理的利用，否则就会摆错、摆不下。城市，从来都不是比高楼多不多、高不高；商场够不够大，甚至都不是比公路上小汽车的多少。小车多也并不意味着大家的生活更方便。如果每天学校门口都堵车，而我们又想自己上学，但大人们觉得车多不放心。这样下来，接送我们上、下学的车就更多了，更加不安全。解决这个问题可能需要我们和大人们一起想办法。获得信任、建立更安全的环境（比如，校门口开辟双层巴士、加大公交车的发车频率、增加步行道的安全性和连续性）。

现在，既然我们长沙要建设一个儿童友好型城市，那可不可以放手让我们自己去设计呢？我在班上询问了一些同学，听听他们的想法：在他们心中的城市会是怎样的？他们希望长沙未来是怎样的？我大致归纳了一下——一般大家都是向往有趣味、能够自由到达美丽安全的城市。比如，同学们都觉得公园和游乐场需要更有趣味一点，不要只是千篇一律，都是那些健身器材，不只是要按照大人的想法来建造，不只是不能进入的草地、灌木、盆景造型，还应该有小水沟、小溪、花和果树，还有多种随意跑动的小动物。设置更多游戏场地满足不同年龄、不同性别孩子的活动需要，比如男孩子的球场、刺激的攀岩墙，女孩们的秋千架、猫咖，我们的骑车道与步行道可以用花朵隔开的，这样既美观也不用担心车子会撞到我们。当我们想要去同学家玩或者参加生日会时，不会因为要横穿几条马路，大人又没有时间接送陪护，不得不取消聚会，宅在家用微信手表去祝他们生日快乐。我衷心希望我们的城市变得越来越发达，变大变美。同时，也希望我们的活动空间范围不会越变越小。

【我期待】

我期待，真正的"儿童友好型城市"不是把我们当成未来城市的主人，而是把我们当成今天的公民来重视！让我们自己参与城市的规划构想与设计，也许这能带动我们身边人（起码我们的父母长辈、亲友）来参与和建设好"儿童友好的城市"。长沙，这座历史悠久的古城，也将焕发出新的生机与活力，也将成为对本市居民与外地游客都"友好"和"美好"的城市。我更期待，未来还有更多机会参与对城市的探索，能有更多的城市公开课走进我们的校园，更多的社会实践活动让我们认识城市并参与其中。

——刘梦瞳参与"儿童友好与城市国土空间规划活动"的演讲稿

第 7 章

关注与行动

> 人类用了5000多年的时间，才对城市的本质和演变过程有了一个局部的认识，也许要更长的时间才能完全弄清那些尚未被认识的潜在特性。人类历史刚刚破晓时，城市便已经发展到了成熟形式，要想更深刻地理解城市的现状，我们必须掠过历史的天际线去考察那些依稀可辨的踪迹，去探求城市远古的结构和原始的功能，这是我们城市研究的首要责任。
>
> ——美国著名城市规划理论家、历史学家，刘易斯·芒福德

　　儿童友好城市建设是一项公共事业，需要全社会关注儿童友好这一话题，从各个角度开展如何维护儿童权益、增进儿童福祉的实践探索。根据联合国儿基会"儿童友好型城市"的相关要求，长沙市在城市规划建设和运营管理中深入贯彻"儿童友好"理念，切实尊重儿童需求、维护儿童权益、增进儿童福祉，以"人-社会-空间"为主线，以儿童对美好生活需要为导向，建立完善适度的普惠型儿童社会保障制度，建设健康阳光的城市公共空间，整合儿童参与、儿童保障体系等内容，通过"政策倡导、空间实践、服务支撑"三个方面展开关注与行动，呼吁长沙市上下把"儿童最大利益优先原则"作为制定公共政策的理论基础并提供了让城市回归儿童的行动框架，为长沙儿童创建良好的成长环境，谋求更大福祉。

7.1 政策倡导：搭建儿童友好政策框架，强化政策引导

　　地方政府的关注与行动是推动儿童友好城市建设的重要前提。除了中央层面的法律法规支持外，还需要地方政府通过制定地方标准、创新儿童友好城市建设模式等方式，才能将儿童友好城市建设以实体呈现出来，才能不断总结在地建设经验。从长沙经验看，政策倡导主要通过整体目标设计、政策研究和儿童参与促进三部分搭建起建设"儿童友好型城市"的政策框架，充分调动儿童参与城市建设的积极性，为空间友好、服务友好相关行动及任务的实施打下坚实基础。

7.1.1 开展整体目标设计

　　城市战略规划提出"儿童友好型城市"的发展理念。在2015年编制的《长沙2050远景发展战略规划》中，长沙将创建"儿童友好型城市"纳入城市发展目标并以此打造城市新名片，提出要关注儿童权利，建设更加公平、友善，充满沟通与关怀的幸福城市。在2017年编制的《长沙市城市总体规划（2017—2035年）》中，美好家园战略中提出构建儿童友好和老年关爱城市策略，将儿童与老年人的权益作为城市发展的核心要素（图7-1）。当前，长沙正在深入推进基于"多规合一"的新一轮国土空间规划编制，明确提出将儿童权益作为城市发展的核心要素纳入三级三类的国土空间规划体系。

　　行业发展规划提出"儿童友好型城市"建设目标。《长沙市妇女儿童发展规划（2016—2020年）》提出要着力打造"儿童友好型城市"，不断优化儿童生存、保护、发展和参与的社会环境，使儿童充分享有法律保护的各项权利；保证儿童得到文化教育、医疗保健、生活娱乐、权益保障等全方位的公共服务，培养儿童的创新精神和实践能力，不断提高儿童的综合素质（专栏7-1）。

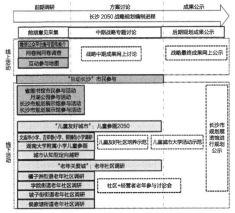

图7-1 "儿童友好型城市"纳入城市发展战略目标
（图片来源：长沙市自然资源和规划局提供）

《长沙市妇女儿童发展规划（2016—2020年）》十大妇儿重大实事项目 专栏 7-1

---

1. 女性健康保障工程
2. 儿童友好校区建设工程
3. 出生缺陷干预工程
4. 残疾儿童免费抢救性康复工程
5. 学前教育普惠工程
6. "母婴关爱室"建设工程
7. 家庭教育指导服务工程
8. 单亲特困母亲帮扶工程
9. 外来妇女关爱工程
10. 留守流动儿童安全守护工程

——《长沙市妇女儿童发展规划（2016—2020年）》

专项行动计划构筑"儿童友好型城市"工作格局。2018年，长沙市政府发布《长沙市创建"儿童友好型城市"三年行动计划（2018—2020年》（表7-1），围绕"政策友好、空间友好、服务友好"展开10大行动42项任务，建立项目库，完善政策体系和制度建设，构建政府主导、社会参与、全民行动的工作格局，进而全面推动各层级、各领域"儿童友好型城市"建设。

长沙市创建"儿童友好型城市"三年行动计划（2018—2020年）具体内容　表7-1

三大板块	十大行动	42项任务
政策友好	儿童友好型城市创建	1. 制定行动计划；2. 成立领导小组；3. 对接联合国儿童基金会；4. 编制申报报告
	儿童友好政策制定	5. 儿童权益分析报告；6. 编制案例鉴赏图集；7. 编制白皮书；8. 探索儿童保护机制
	促进儿童参与实践	9. 儿童议事会培育计划；10. 儿童友好logo设计；11. 制定儿童游学地图；12. 儿童参与实践活动
空间友好	打造儿童示范空间	13. 示范城区；14. 示范街区；15. 示范小区；16. 示范学校；17. 示范公园；18. 示范阅读空间；19. 示范上下学路径
	完善儿童学习空间	20. 幼儿园专项规划；21. 研学实践地图和儿童通讯录
	拓展儿童生活空间	22. 建设100个母婴室；23. 运营微信平台；24. 建设社区（村）妇女儿童之家
	优化儿童出行空间	25. 划定50处爱心斑马线；26. 完善儿童安全报警系统；27. 净化校园周边环境
服务友好	儿童社会福利保障	28. 完善儿童疫苗监管服务体系；29. 优化儿童卫生资源配置；30. 加强儿童保健服务和管理；31. 改善儿童营养状况；32. 健全困境儿童保护机制；33. 提高儿童福利水平；34. 倡导并建立儿童友好型企业
	公共教育服务保障	35. 保障儿童平等受教育的权利；36. 优化学习成长内外环境；37. 实施家庭教育"育苗计划"
	儿童友好宣传推广	38. 开办"未来城市规划师"节目；39. 制定儿童安全守护计划；40. 开展儿童友好型城市立体化宣传；41. 举办儿童友好型城市研讨会；42. 开展儿童权利保护知识培训及法制宣传

7.1.2 完善政策标准体系

加强政策支持引导。"十三五"期间，长沙市卫健委制定了《长沙市健康儿童行动计划（2018—2020年）实施方案》《长沙市母婴安全行动计划（2018—2020年）实施方案》《重点民生实事项目实施意见》《长沙市健康民生项目—新生儿疾病筛查工作实施方案》《关于加强危重孕产妇和新生儿救治中心建设的通知》《长沙市儿童青少年眼及视力筛查保健工作实施方案》《长沙市危重新生儿救治与转诊工作方案》《长沙市儿童营养性疾病、高危儿分级分类管理实施方案》《长沙市2019年免费新生儿疾病筛查工作方案》《2019年长沙市0～6岁儿童眼保健和视力检查工作方案》等11项政策文件，为长沙市儿童健康工作的开展打下了坚实基础，为儿童健康工作规范化开展提供了依据。

制定建设指引和行动导则。结合长沙城市建设特点与儿童发展情况，参考借鉴国外相关经验，悉心制定市级层面的行动导则与建设指引以指导具体规划、建设和管理。编制《儿童友好微空间案例赏析》图集（图7-2），总结国内外优秀儿童微空间规划建设经验，提炼出儿童友好微空间的"长沙儿十条"。开展《长沙市儿童友好城市行动导则》和《长沙市儿童友好城市规划导则》等系列儿童友好导则研究，为长沙创建儿童友好型城市提供方向和指引。制定儿童友好型社区、学校、街区、企业规划建设管理指引及制作优秀案例汇编，加强引导和规范儿童友好型社区、学校、街区、企业的建设，最终实现儿童健康快乐成长的目标。编译《Shaping urbanization for children a handbook on child-responsive urban planning》中文版《儿童友好型城市规划手册》并制作绘本，从建设目标、原则与标准等方面实现"儿童友好型城市"在中国的本土化落地。

安全趣味公平的儿童友好微空间案例赏析

长沙市城乡规划局　长沙市教育局　长沙市妇女联合会

图7-2 《安全趣味公平的儿童友好微空间案例赏析》
（图片来源：长沙市自然资源和规划局）

儿童友好微空间的"长沙儿十条"

【健康安全】

1. 安全独立自由地在街道上行走

2. 全年龄段儿童创造健康、阳光、卫生的空间环境，在这些空间中可以安全、健康、自由地获得学习、交往、身心发展、文化表达的机会

3. 安全可靠的耐用设施，并定期维护

4. 公共场所周边设置应急避险场所

【活泼有趣】

5. 富有创意、多样性、融合自然元素的儿童游乐设施

6. 温暖、鲜艳、明亮的空间色彩

7. 生活、形象、易辨识的标识

【共享公平】

8. 以儿童尺度规划设计城市公共空间

9. 儿童有机会参与城市公共空间决策和社会实践活动

10. 儿童公平享受城市各类公共服务

——《安全趣味公平的儿童友好微空间案例赏析》

推动品牌建设和示范认证。制定学校、企业认证标准体系，对照认证标准开展"儿童友好型学校""儿童友好型企业""儿童友好型小区"建设或评选活动，鼓励社会各界推动"儿童友好型城市"共谋共建共享。在长沙市开展"长沙市儿童友好型城市建设十大创新品牌案例"征集活动，经过征集申报、组织初审、公示投票和专家评审等环节，评选出"长沙市儿童友好空间十大创新品牌""长沙市儿童友好服务十大创新品牌""长沙市儿童友好项目创新品牌"。

"长沙市儿童友好型城市建设十大创新品牌案例"获奖名单　专栏 7-3

长沙市儿童友好空间十大创新品牌

湖南华年文化旅游投资有限公司：湘江欢乐城

长沙规划展示馆：儿童友好实践基地

长沙市实验小学：创建儿童友好型校园

长沙市雨花区枫树山小学：儿童友好参与，共建美好校园

长沙市岳麓区咸嘉湖街道荷叶塘社区：儿童友好家园，让城市更美好

湖南妇女儿童医院：打造有温度的儿童友好医院

长沙博物馆：建设儿童友好的城市历史博物馆

长沙市图书馆：打造儿童友好阅读空间，让城市更温暖

长沙万科企业有限公司：儿童友好社区在行动

长沙市第一社会福利院："童呼吸共成长"孤残儿童城市融合

长沙市儿童友好服务十大创新品牌

长沙市特殊教育学校：全纳教育，一个都不能少

湖南省博物馆："博物馆教育+"儿童友好项目

长沙市规划信息服务中心："长沙市儿童友好成长树"微信公众号

长沙晚报社：长沙晚报家长学院——湖南首个社会互助式育儿公益俱乐部

湖南省儿童医院："四位一体"儿童健康服务公益模式

长沙市规划设计院有限责任公司：长沙市规划设计院儿童友好促进中心暨女规划师"母与女"团队

长沙市芙蓉区定王台街道丰泉古井社区："儿童友好社区"建设

长沙银行：构建儿童友好银行　陪伴孩子健康成长

长沙市芙蓉区妇女联合会：儿童早期发展社区家庭支持服务

湖南李丽心灵教育中心："青柚课堂"性教育公益项目

长沙市儿童友好项目创新品牌

长沙市周南梅溪湖中学："心晴跑"心理素质拓展活动

长沙规划展示馆：发现星城·共建儿童友好长沙

长沙市岳麓区第一小学：乐善乐学　构建儿童友好教育生态

长沙市中级人民法院："我要当小法官"主题实践活动

岳麓区咸嘉湖街道白鹤咀社区："雏鹰高飞"青少年成长护航项目

长沙市杨陶如家庭成长关爱中心：呵护孩子的明天

长沙市天心区星学园教育发展中心：友好校园、融合校园一起行

长沙市岳麓区用心安全教育促进中心：儿童安全教育进校园、进社区

长沙市雨花区和加共享图书馆：和+共享图书馆亲子阅读项目

——长沙晚报

7.1.3 开展儿童友好评估

开展儿童权益现状调查及评估。依据《儿童权利公约》提出儿童享有的基本权利，召开由政府相关部门、专家代表、群团组织、社区代表、学校代表、教师代表、家长代表、社会组织代表等参与的调研座谈会，组织开展线上《长沙市儿童权利分析现状调研问卷（家长版）》以及线下"我和我的长沙"中小学生问卷调查活动，共有2020名家长、2565名儿童参与了问卷调查，编制《长沙市儿童权利分析报告》，开展长沙市儿童发展现状、儿童生存和发展需求及落实情况调研，组建重点课题专题调研组，为政府和部门制定相关决策提供依据。

开展"儿童友好型城市"建设评估。积极开展儿童友好型城市建设督导评估体系和儿童社会保护机制探索研究，编制《长沙市"儿童友好型城市"建设白皮书》，向社会发布长沙市儿童事业发展状况、行动计划的实施进展、成效亮点、困难问题及措施等内容。

《长沙市儿童权利分析报告》《长沙市"儿童友好型城市"建设白皮书》 | **专栏**
7-4

"远见者远行"，城市的远见引领着城市的发展，城市的远见成就城市的盛名与格调。创建"儿童友好型城市"，是长沙的远见，是长沙落实"以人民为中心"的深入探索，是长沙迈向高质量发展的重要举措。

如今，长沙市儿童友好型城市的远见成为当下的万众实践，"儿童的城市，温暖的长沙"，让我们一起点亮儿童未来，传承长沙这座城市梦想与创新的气质，打造儿童友好型城市"长沙样本"，让儿童友好型城市从一个"概念"发展成为儿童友好的"实景"。

——《长沙市儿童权利分析报告》

长沙将以更加坚实的步伐全面推进"儿童友好型城市"创建工作，坚持融合统筹，将创建工作与长沙高质量发展相统一。尊重儿童的梦想与期望，借助儿童的视角提升城市发展水平和城市治理能力，让城市更加精美、宜居、友好。扎实抓好具体工作的落实，着力从政策友好、空间友好、服务友好三个方面提升儿童福祉。

相信在我们的共同努力下，城市的发展将与儿童的需求无缝衔接，一定会给孩子们一片碧水蓝天、一份安全守护、一方幸福乐园、一个纯真童年。将"儿童友好型城市"作为长沙幸福、宜居的新名片。

——《长沙市"儿童友好型城市"建设白皮书》

7.1.4 促进儿童参与实践

倾听儿童声音，组织开展儿童参与实践活动。培育以儿童为主体的议事组织，探索在学校、社区成立儿童议事会，制定儿童议事会培育计划，定期培训长沙市各区县小学的少先队小骨干，并建立儿童参与长效机制，利用世界儿童图书日、国际家庭日、"六一"儿童节、世界儿童日等节假日开展"童视角，童参与"儿童议事会等主题活动。创新倾听方式，通过"发现星城""好玩的城市""我的长沙我的梦"等活动贴近"童心"、听懂"童话"、共筑"童梦"，用母亲般的关注走进孩子的心灵，了解孩子们对长沙蓝图的期待，听取孩子们对儿童友好的建议。

为了塑造儿童友好型城市形象便于公众识别，长沙市自然资源和规划局和长沙市教育局联合面向长沙市中小学生发起了长沙儿童友好型城市LOGO征集活动，共收到作品207幅，评选出一等奖3个、二等奖10个、三等奖20个、优胜奖50个。长沙市芙蓉区大同第三小学李心瑶、吴少兵小朋友的作品获选官方LOGO。

尊重儿童意见，提升儿童参与公共事务的能力。面向长沙市所有中小学生开展的"长沙市儿童友好型城市LOGO征集"活动（图7-3），最终确定长沙市儿童友好型城

图7-3 长沙市"儿童友好型城市"LOGO征集活动
（图片来源：长沙市自然资源和规划局）

市LOGO为5张儿童笑脸组成的一颗闪亮的星星图案，寓意"星城长沙将以创建儿童友好型城市为目标，为儿童提供健康快乐的成长环境"。长沙市鼓励儿童参与学校、社区、社会生活，感知自然环境，感受社会关爱，融入城市发展，探索建立儿童需求从表达到落实的全流程、长效化机制，实现儿童参与的"共治、共建、共享"社会治理新格局。通过"城市+公开课""扎针地图""国际建造节""规划课堂进校园""儿童友好，点亮社区"等活动，在儿童友好学校、空间建设过程中，加强设计师与儿童互动，引导城市小主人参与设计、参与决策、参与实施。

"儿童议事会"少先队小骨干学习培训活动感言	专栏 7-5

辅导员感悟：

队员们表示会将学习到的少先队知识分享给其他队员；同时向雷锋叔叔学习，心中永远怀着祖国和人民；向老一辈革命英雄学习，心忧天下，敢为人先，为新时代做出自己的贡献。我想这也是我奋斗的目标，做少年儿童思想的引领者，引领队员们将自己的小梦想与中国梦联系起来，为成为实现强国梦的中坚力量而不断准备着。

——长沙麓山国际实验小学大队辅导员　唐娜

沐浴着清晨的阳光，浏阳市的7个少先队小骨干与我相约于花炮广场，向星城出发！孩子们的学习热情如星城的阳光——热情、火辣！虽然上午的讲座是小骨干们的主场，但作为带队辅导员的我收获满满，让我对今后如何开展少先队活动有了新的思路与想法！尽管比较辛苦，但看到孩子们收获的笑脸，对未来坚定的目光，我也深感欣慰！习近平总书记在十九大报告中明确指出青年强则国家强，青少年是祖国的未来，所以做好少先队的引路人至关重要。作为一名少先队辅导员的我一定不忘初心，牢记使命，做好少先队的引路人！

——长郡浏阳实验学校大队辅导员　赵晓

家长感悟：

孩子早上兴奋的背着书包，提着行李参加"儿童议事会"小骨干培训，看着小小背影远去，妈妈心里不免有些担心。但看到学校大队辅导员陈就老师分享的活动照片，妈妈脸上不自觉浮起欣慰的笑容。看到你认真听讲座、学习管理能力、认真做笔记的样子；看到你参加中队拓展训练，跳得最卖力，笑得最开心的画面。还有更值得骄傲的是你通过自己的努力，成功竞选获得副中队的荣誉，展现了少先队员的风貌！妈妈希望你通过这两天短暂的学习，能够不断进取，身体力行服务好中队。相信通过这次培训，你一定会收获满满，回来的你一定会更加独立，更有思想，各个方面都会得到提升。最后，感谢团市委、市少工委、学校给予孩子这么好的锻炼机会，"儿童议事会"必定是少先队骨干们成长的摇篮！

——学生家长A

感谢长沙市少先队组织的本次活动。此次活动不但增强了孩子的组织意识，更让孩子们的思想得到了熏陶，实践能力得到了锻炼，管理能力得到了提升。我相信孩子今后将会以更积极饱满的状态投入到学校的少先队工作中，将工作完成得更出色。

——学生家长B

少先队员感悟：

今天我们参加了少先队员小骨干培训，上午的两节课令我印象深刻。第一堂课，出完旗，是和平姐姐讲话。她告诉我们，首先垃圾分类要做好。放假了，大家产生的垃圾量会变多，而为了我们环境的卫生与环卫工人、垃圾清理人员的方便，我们一定要做好。其次，是我们自己的安全与视力，在假期也是很需要被注意的。接着，我们又学习了少先队员的礼仪规范。比如：戴红领巾礼仪、餐桌礼仪、师生礼仪、出旗礼仪、整队、报告人数等礼仪，我们学会并实际操作了，我们以后也应该像这样讲究少先队礼仪，做一名优秀的少先队员。然后，我们还学习了写红领巾小提案的方法，老师告诉了我们三大要素：一是选题新；二是内容新；三是建议实。

"红日初升，其道大光"。以后，我们一定要做一个讲礼仪、守纪律、做好环保、保护好自己的好少先队员。

——长沙县大同星沙小学　周子琳

今天，我们学校开展了"儿童议事会"少先队小骨干学习培训活动，我们学习了少先队的礼仪规范。下午在老师的带领下和小伙伴们一起参观了雷锋陈列馆，里面介绍了雷锋叔叔苦难的童年，原来自己在爸爸妈妈的宠爱下生活是这么的幸福。雷锋叔叔用自己的行动证明了他有一颗忠于革命的心，我们身边也有很多这样的活雷锋！雷锋叔叔曾说"一颗螺丝钉，机器少了它，它就不能正常的运作"，我们要有螺丝钉的精神，一是钻，二是挤！今天我所见的，所听的都非常的丰富，感谢雷锋小学给我提供这样的学习培训活动，以后我一定好好学习，学习雷锋精神，争做新时代好少年！

——高新区雷锋小学　陈妍伊

——搜狐网

7.2 空间实践：规划儿童友好城市空间，优化建成环境

从儿童的需求和视角出发，规划设计城市公共空间，为儿童创造自由玩耍、安全出行的城市环境。结合长沙市"一圈两场三道"行动计划，以儿童居住小区为出发点，合理规划布置全年龄段儿童的学习、生活、出行空间，以安全、趣味、公平为目标，建设健康阳光的城市公共空间。

7.2.1 建设儿童友好示范空间

打造典型项目，推广儿童友好示范空间建设。将雨花区、芙蓉区作为长沙市创建

儿童友好型城市示范城区，建设儿童友好示范街区，构建儿童健康卫生、独立安全的生活圈，提供安全、趣味、公平的成长环境。在长沙市"一圈两场三道"规划布局的基础上，加强"15分钟生活圈"的规划建设，完善社区（小区）公共文化服务中心、公共空间中儿童活动场所和服务设施。

长沙市雨花区中航山水间公园设计简介　专栏 7-6

公园类型：社区公园

公园位置：湖南省长沙市雨花区时代阳光大道489号

公园面积：$1.4hm^2$

景观设计：张唐景观

规划目标：保留自然本底并通过人们的参与将日常游憩、节事活动、环境体验、环境教育、生态恢复和雨洪管理等有机融合，力图达到"参与性"与"生态性"的平衡。

主要理念：对规划设计的一种探索、尝试与回归，也是自然、生态、邻里互动生活理念的一种倡导。而"山水间"之名的由来具体体现在：山——东部保留山体、依山而建的景观；水——场地原有的坑塘、雨洪管理系统；间——人与自然之间的交流与接触，人与人之间的交流——邻里关系、社区关系。

设计亮点：一是原有地形的保留性，优秀的景观设计，不单只是给人们创造一个惬意的室外空间，更重要的是对场地的合理分析与把握，无障碍坡道尽可能地覆盖全场地，体现人文主义关怀。二是活动空间的多样性，活动空间不应该只具有单一的使用功能，还应具备其他合理的附加功能。三是景观小品的参与性，景观小品不是纯粹的艺术品，在满足基本功能之后更重要的是和人之间的互动。

——长中航"山水间"公园设计　张唐

7.2.2 优化儿童友好学习空间

由长沙市自然资源和规划局、长沙市教育局共同组织编制《长沙市幼儿园专项规划》《长沙市中小学布局选址规划》，完善长沙市幼儿园、中小学设施布局。依据长沙市已认定发布的研学实践教育基地和研学实践教育营地，编制中小学生研学实践地图；收集教育、医疗、公共场馆、公园景点等联系电话，编制并发布通讯录，为长沙市儿童提供参与社会实践活动场所。

枫树山小学"儿童友好型示范学校"建设经验　　专栏 7-7

雨花区枫树山小学创建于1949年，学校占地面积5912m²，原有校园场地狭小，活动空间拥挤。2018年，学校积极创建"长沙市儿童友好型试点学校"，雨花区委区政府、区教育局高度重视、大力投入，近3年共投入改造资金1200余万元，校园空间环境得到极大改善。2020年暑假，学校对教学楼内部装修改造和外墙翻新，校园环境进一步得到优化提升。

学校倡导儿童优先、儿童平等和儿童参与的理念，让儿童的观点充分表达，鼓励学生在学校空间设计、环境美化、设施设备等方面主动参与设计优化校园，为学校发展建言献策。学校的校园文化建设以学生为主体，校园与教室内的布置、装饰符合儿童心理特点，充分体现学生的主体性和参与性。

一、儿童主动参与，让校园环境更美好

学校倡导儿童优先、儿童平等和儿童参与的理念，让儿童的观点充分表达，鼓励学生在学校空间设计、环境美化、设施设备等方面主动参与设计优化校园，为学校发展建言献策。学校鼓励孩子们主动参与校园改扩建设计，学生多个设计方案被设计师采纳并融入学校改建中。

二、儿童权益优先，让校园氛围更温暖

学校的校园文化建设以学生为主体，校园与教室内的布置、装饰符合儿童心理特点，充分体现了学生的主体性和参与性。学校教学楼走廊墙画装饰均为学生的主题绘画作品，形成颇具特色、个性花开的枫小学生天地。如将社会主义核心价值观内容融入学生的"青花瓷"绘画作品，实现美育与德育的完美融合，让美滋养孩子精神品性成长。

三、儿童自主乐学，让校园活动更精彩

学校坚持"做对人终身负责的远视教育"的办学目标，追求"办给学生一辈子留下美好记忆的学校，做经得起学生一辈子反思的教育"。学校坚持以"枫格四则"为导向，将国家课程校本化，不断夯实"枫格课堂"，引导激发学生自主发展、全面发展、个性发展。学校充分利用寒暑假，精心设计社会实践、志愿服务、自主探究等一系列体验实践活动，让学生自主选择、自主研究，学生研究性学习、主题性社会综合实践活动获得喜人成绩。

——枫树山小学提供

7.2.3 丰富儿童友好生活空间

规范标准母婴室建设。2018年，长沙市总工会制定了《2018年长沙市公共场所母婴关爱室建设指导手册（试行）》，指导手册从选址、建设指导标准（表7-2）到室内设计参考标准、运行维护标准等均进行了规范。依据建设标准，在长沙市地标景观、风景区、大型游乐场、体育文化场馆、各级医院、妇幼保健院、政务中心、办事大厅、办证中心、社区服务中心等公共设施和机场、高铁站、轻轨站、火车站、客运站、地铁站等交通枢纽，以及大型商场超市、星级酒店、大型写字楼等商业场所提质改造，新增了221个标准化母婴室。

长沙市公共场所母婴室建设指导标准　　　　　　　　　　　表7-2

配置		基础版	标准版	升级版
面积		10m²左右	15m²左右	20m²以上
指引和显著标识		●	●	●
哺乳设施	靠背椅或沙发	●	●	●
	封闭门或拉帘	●	●	●
	踏脚凳	●	●	●
	温奶器	—	○	○
换尿布设施	婴儿护理台	●	●	●
便利设施	垃圾桶	●	●	●
	婴儿保护座	●	●	●
	电源插座	●	●	●
	饮水机	—	●	●
空气设施	排气扇	●	—	—
	空调	○	●	●
	空气清新机	—	○	●
物品放置设施	置物架或储物柜	—	○	●
洗漱卫生设施	洗手池	—	●	●
	镜子	—	●	●
	洗手液	●	●	●
	抽纸或卷纸	—	○	●
	湿纸巾	—	○	●
	亲子卫生间	—	—	○
安全设施	消防器材	●	●	●
	紧急求助按钮	—	—	●
儿童玩耍功能区设施	防撞设施	○	●	●
	安全玩具	—	—	●
	安全地毯或地垫	—	—	●
信息化设施（示范点）	视频监控	○	●	●
	传感器	●	●	●
	地图导航	●	●	●

备注：
1. "●"为必配；"○"为选配；"—"为不需配。
2. 部分安全性与隐秘性级别高的事业单位（如公安局、派出所、车管所、银行等），建设标准可适度调整。
3. 母婴室示范点必须配备信息化建设，非示范点建议配备。
　　　　　　　　　——资料来源：《2018年长沙市公共场所母婴关爱室建设指导手册（试行）》

　　建立儿童友好线上应用及互动平台。加强城市空间信息化管理，以信息化手段助力儿童友好型城市建设。长沙市自然资源和规划局创建"长沙儿童友好成长树"微信公众号（图7-4），儿童可以通过该公众号平台查询城市中儿童友好设施的位置与简介信息；可以随时随地拍摄城市各类友好与不友好的画面，分享自己对于城市建设的感悟及建议；还可以通过趣味树和在线答题互动游戏了解城市建设相关知识，绘制儿童友好设施应用地图，宣传儿童友好型城市建设内容，搭建儿童与政府互动桥梁，向儿童普及城市建设知识，记录儿童为城市建设出谋划策的成长过程。搭建市级"安全监管指挥平台"，确保城区学校、幼儿园100%联网，逐步实现校园安全管理实时监控、安全预警、应急处置新常态。升级校车监控平台，建设校车安全监管电子身份证系统，为每台校车贴上安全监管"二维码"，在运行的校车100%实现智慧管理，让孩子搭乘校车更有安全保障。

图7-4　长沙儿童友好成长树微信公众号界面
　　（图片来源：长沙儿童友好成长树微信公众号）

长沙儿童友好成长树微信公众号简介 | 专栏 7-8

2019年3月，长沙儿童友好成长树公众号上线试运行，为长沙市创建"儿童友好型城市"开拓一个公众参与线上平台，旨在宣传城市形象、引领儿童参与、服务儿童成长。

童趣空间：童趣地图（整理公园、学习、游学、母婴、历史等五类长沙759个儿童相关设施点，包括设施点名称、地址、坐标、设施点简介、联系电话、开放时间、门票收费等信息）、童趣课堂（在线学习城市建筑、规划、自然、文学等课程）、我的成长树（填写儿童档案、浇灌属于自己的儿童友好成长树，与其一同成长）、我的建议（通过拍照、留言发现城市建设问题、提出改善城市生活的建议）。

童享时光：正在开展的活动介绍、活动报名。

关于我们：儿童友好简介、长沙儿童友好工作总结、儿童友好成果展示、精彩活动回顾。

新闻推送：定期汇编儿童友好文化知识、新闻动态、活动预告及总结。截至2020年6月8日，微信公众号总关注用户13500人，目前还在不断增长，线上推文共计180余篇。

——长沙市自然资源和规划局提供

AI校车智能监管平台简介 | 专栏 7-9

该平台最核心的技术和功能是司机身份人脸识别、人员超载和遗留检测。其中，乘员遗留检测采用了多点红外技术及声音识别技术，一旦发现车内有遗留的学生，将通过云平台进行报警，通知校车司机和校车公司等进行确认。

智能查询，便利家长接送孩子：家长通过手机就能知晓校车几点到家门口，不用再为等校车而风吹日晒。

AI助力，全程自动实时监管：原来的平台是依靠人工进行监管，无法做到在出现事故苗头时及时预警，更多的是起到事后取证的作用。接入AI校车智能监管平台的校车安装了智能终端和4个摄像头，摄像头分别位于司机位、车顶、车前方、车门，拍摄的照片和视频实时传输给智能终端进行算法分析，可以实现对司机、校车行驶路线、超速、人员超载和人员遗留等的全程监管和检测，一旦发现异常便会自动报警，可以起到事前预警作用。

多级预警，规范司机驾驶行为：第一级是利用语音方式直接向校车驾驶员发出警告，然后根据违法违规行为的级别，或者是否已经纠正，由平台向校车公司进行第二级报警，与此同时上传图片和短视频进行证据保存。对于某些较重大的报警，平台还会向政府的监管部门比如交警指挥平台实时发送违法车辆信息，对于违法且不纠正的校车可以由交警部门现场执法。

——华声在线

建设社区（村）妇女儿童之家。将社区（村）"妇女儿童之家"统筹纳入社区（村）党群服务中心（站）建设，做到阵地共建、力量共配、服务共做、成效共享，确保服务儿童有场所、有设施、有制度、有人员、有经费。增强"妇女儿童之家"服务功能，常态化开展宣传教育、协商沟通、心理疏导、救助帮扶、文体活动等妇女儿童乐于参与的活动，持续开展示范"妇女儿童之家"创建，组织开展"妇女儿童之家"优秀品牌案例征集，推进实施妇女儿童公益服务项目，满足妇女儿童多样化需求。目前，长沙市1546个社区（村）实现"妇女儿童之家"全覆盖，共创建省、市、区县（市）三级示范"妇女儿童之家"722个，并率先打造湖南省首个市级妇女儿童之家，为长沙儿童友好型城市的创建奠定了空间友好、服务友好的基础。同时，长沙市政府妇儿工委印发了社区（村）儿童之家标准化建设意见，进一步明确建设目标、认定标准、重点

任务和保障措施。目前，长沙市社区（村）儿童之家覆盖率达到92.99%。长沙县金龙村，浏阳市杨花村、占佳社区等10个社区（村）成功创建省级示范"儿童之家"。

7.2.4 保障儿童友好出行空间

完善学校周边爱心斑马线、净化校园周边环境、保障儿童安全独立出行，提供安全、趣味、公平的出行环境。从2018年起，长沙市陆续在50所学校周边道路主要过街通道铺设爱心斑马线，保障中小学生安全过马路，完善交通安全设施，安装不礼让行人抓拍摄像头，并逐步推广到全市中小学校周边（图7-5）。

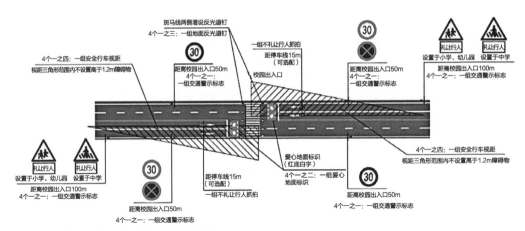

图7-5　爱心斑马线工程交通安全设施标准图
（图片来源：长沙市自然资源和规划局提供）

儿童友好爱心斑马线　　　　专栏
7-10

爱心斑马线由"爱心地面标识+斑马线"组成，将严格按照《中小学与幼儿园校园周边道路交通设施设置规范》GA/T 1215—2014、《长沙市儿童友好型校区周边交通及公共空间改造规划设计指引》等有关标准实施，根据有、无信号灯路口两种情况，全面规范各项交通设施。爱心斑马线包括一组交通警示标识（必）、一组爱心地面标识（必）、一组地面反光道钉（必）、一组安全行车视距（必）、一组不礼让抓拍（选）。

——长沙市自然资源和规划局提供

图7-6　雨花区儿童友好通道

7.3 服务支撑：健全儿童友好服务体系，强化社会保障

尊重儿童活动需求，将儿童的意愿落实到城市公共空间、设施及生存环境，促进儿童、成人在城市规划建设过程中的参与和互动，实现儿童在身体、心理、认知、社会和经济上的权益。

7.3.1 优化儿童社会福利保障

全面提升母婴安全保障。一是建立疑难危重儿童三级救治网络。为畅通长沙市疑难危重儿童救治与转诊绿色通道，提高疑难危重儿童抢救成功率，长沙市不断完善县级儿科（新生儿科）急救中心建设和以"长沙市中心医院、长沙市妇幼保健院"为依托的市级医疗救治网络建设，保障每个区县（市）至少一所经过市级验收合格的县级儿科（新生儿科）急救中心承担辖区危重新生儿救治。为进一步健全长沙市危重新生儿急救网络，以长沙市妇幼保健院为新生儿复苏培训技术中心，在全市范围内建立了功能齐全、运行高效的新生儿复苏队伍和网络，进一步降低长沙市5岁以下儿童的死亡率。二是创新新生儿死亡评审模式。新生儿死亡评审工作是新生儿死亡控制的关键环节，市、县两级通过辖区新生儿死亡评审，将儿童死亡控制工作"关口前移"，不断改进管理措施，减少新生儿死亡的发生。三是强化出生缺陷三级预防。近年来，长沙市新生儿疾病筛查和新生儿听力全面覆盖、病种不断扩大，实现了新生儿疾病的早发现、早诊断、早治疗，把好预防出生缺陷第三道"关口"。

强化儿童保健服务和管理。2018年以来，长沙市、县两级对所有幼儿园进行了全面检查，卫生评价工作三年全覆盖，并现场反馈发现的问题，不断提升托幼机构卫生保健质量，确保在园儿童身心健康发展。不断加强托幼机构卫生保健人员培训力度，扎实开展托幼机构卫生保健人员培训及托幼机构家长、老师的健康教育培训，采取线上及线下的形式，依据各个幼儿园的需求，在幼儿急救、眼保健、口腔保健、生长发育等多个方面开展培训。所有乡镇卫生院及社区服务中心儿童保健规范化门诊建设均已通过省级验收合格，并持续质量控制达标。开展新生儿保健、生长发育监测、营养与母乳喂养指导、早期综合发展、心理行为发育评估与指导等服务，逐步扩展国家基本公共卫生服务项目中的儿童保健服务内容。将流动儿童纳入流入地社区儿童保健管理体系，提高流动人口中的儿童保健管理率，对所有常住儿童实行均等化服务，严格按照要求实行免费儿童体检、免费检测血常规，免费进行新生儿疾病筛查和耳聋基因筛查等。2019年起，对所有0～6岁常住儿童免费进行眼保健服务、视力筛查和新生儿疾病筛查。

优化儿童卫生资源配置。至2020年，长沙市共有省级儿童医院1个，儿童门诊近300个，儿科医生数量超过1000人，儿童床位数4000余张。长沙市有市级妇幼保健院1个，9个区县（市）均有1所妇幼保健院（所），大部分建筑用房和设置已经达标（个别未达标的正在新建扩建）；长沙市共有170余个社区服务中心和乡镇卫生院，均按要求积极承担长沙市儿童的医疗保健服务业务指导与质量控制工作。长沙市共创建湖南省妇幼保健院、湖南省儿童医院、长沙市妇幼保健院3个国家级儿童早期发展中心，创建浏阳市妇幼保健院和长沙县妇幼保健院2个省级儿童早期发展中心。同时，积极将儿童早期发展理念向基层社区推广，儿童早期发展工作以区县为单位全覆盖。

着力提升儿童福利水平。一是不断提升孤儿基本生活水平。自2017年起，两次提升长沙市孤儿基本生活保障标准，将原散居孤儿每人每月600元、集中供养孤儿每人每月1000元的基本生活保障标准提高至目前的每人每月1300元和1950元，提升幅度达到116%和95%，有效保障了长沙市孤儿、弃婴的基本生活。二是不断拓展儿童福利保障范围。12部门共同出台了《关于进一步提升农村留守儿童关爱保护和困境儿童保障水平的通知》（长民发〔2019〕26号），从2020年1月1日起将事实无人抚养儿童纳入儿童福利保障范围，参照孤儿标准发放生活补助，对已纳入低保、特困、建档立卡贫困户范畴的事实无人抚养儿童和其他事实无人抚养儿童发放生活补贴，保障好全市事实无人抚养儿童的基本生活。三是不断提升疫情防控期间服务能力。指导儿童福利机构开展全封闭管理，深入做好机构防疫，停止集中活动，严格院内分区管理并设置隔离区，定期进行室内消毒和体温监测，工作人员和新入院儿童均已开展核酸检测，确保儿童和工作人员的身体健康，实现儿童福利机构"零感染"。目前，儿童福利机构仍采取双班隔离工作制度，以保障院内儿童的健康与安全。针对院外家庭寄养儿童，落实每周两次上门巡访，做好必要生活、防控物资的统一调配，督促做好每日"两测两报告"，确保家庭寄养儿童安全无恙。

着力做好困境儿童保障工作。一是完善好儿童福利数据采集。开展"儿童福利信息动态管理精准化提升年"专项行动，利用最新信息平台，摸清孤儿、事实无人抚养儿童、农村留守儿童、困境儿童等服务对象，未成年人救助保护机构、儿童福利机构等关爱服务机构，儿童督导员、儿童主任等工作力量底数，建立健全儿童支持网络。二是落实好流浪儿童关爱保护。认真贯彻落实流浪儿童保护的工作要求，结合民政部"寒冬送温暖""夏季送清凉"等专项行动开展街面流浪儿童保护工作。对入站流浪儿童探索开展"类学校"教育，开设文化知识、法律常识、思想道德、手工技能等课程，引导流浪儿童树立正确的人生观和价值观，健康阳光的回归家庭，回归社会。引进专业心理团队，提供危机干预、团队辅导、职业规划指导等服务。

优化参保流程和提高待遇水平。一是调整参保条件。本市户籍及取得居住证但未在原籍参保的儿童均可参加长沙市城乡居民医保；对符合建档立卡贫困人员、低保家庭、特困人员、重度残疾（1~2级）条件的儿童参保个人缴纳部分提供全额补助；具有长沙市户籍的新生儿在出生后28天内参保缴费即可自出生之日起享受相关待遇。二是提高普通门诊统筹年度最高支付限额及统筹支付比例，提升门诊就诊待遇；三是通过提高大病保险年度最高支付限额及统筹支付比例，以及降低其起付线，提升住院相关待遇；四是提高特殊病种门诊管理统筹支付比例，并新增苯丙酮尿症、普瑞德威利综合征（小胖威利症）等儿童人群特有的病种，完善特殊门诊待遇。五是通过媒体、网络、社区公示等方式对以上参保政策进行广泛宣传，提升参保人员知晓率。同时，简化经办流程、优化续保缴费方式，建立小程序、APP、银行等多渠道续保缴费。

大力开展"护苗"行动。自2017年开展学校及周边食品安全"护苗"行动以来，长沙市各级市场监管部门出动执法人员检查学校食堂、检查校园周边食品经营单位、抽检学校食堂及周边食品、收缴问题产品、立案查处校园及周边食品违法案件、整治校园及周边无证无照经营商户和校园及周边食品流动摊贩，并积极开展食品安全进校园系列宣传活动400余次，培训师生20余万人次。

2020年长沙市学校及周边食品安全"护苗"专项行动　　专栏
7-11

2020年，长沙市市场监管系统认真贯彻落实国家市场监管总局、省市场监管局和市新冠肺炎疫情防控指挥部的有关工作要求，周密安排部署学校食品安全监管工作，压实属地监管责任，统筹推进长沙市学校食品安全监管和新冠肺炎疫情防控工作，确保长沙市学校食品安全和春、秋季开学、"三考"等重要工作的有序推进。

一是印发《关于切实做好长沙市学校春季开学食品安全监管工作的通知》（长市监通知〔2020〕26号），配套《学校春季开学食品安全工作要点》，加强监管人员对标审查培训工作，要求监管人员全面审查学校食堂食品安全状况、分餐方案、学校食堂防疫措施落实情况等，确保开学审查工作实效。市、（区）县两级教育、市场监管、卫健部门分别对开学的学校逐一联合审查，发现问题及时跟踪督促整改到位，其中，市局配合教育、人社等部门审查学校130余家。

二是印发《2020年长沙市学校校园及周边食品安全"护苗"行动实施方案》（长食安办发〔2020〕），组织开展复学后学校及周边食品安全隐患大排查行动，建立并完善各级各类学校食堂食品安全监管工作台账，督促学校严格落实食品安全管理制度和疫情防控措施。对长沙市10家集体用餐配送单位开展多轮次监督检查，指导2家食品生产企业办理《食品经营许可证》，及时取得集体用餐配送资质，满足长沙市学校集体供餐需要，助力学校安全复学。

三是印发《2020年"三考"市场监管保障方案》（长市监通知〔2020〕86号），召开专项调度会，全面压实属地监管责任，重大活动监管要求做好"三考"期间食品安全监管工作，各级领导深入考点学校开展督查，市局提前对考点学校食堂476批次食品原材料、餐饮用具等进行抽样检测，长沙县、雨花区加强海吉星、红星等批发市场生鲜食用农产品抽检筛查力度，严防问题食品流向学校，对长沙市考点学校食堂及校外集中用餐点进行全面的风险隐患排查，及时督促整改到位。"三考"期间，每个考点食堂派驻2名业务骨干全程驻点监管，对食品采购、贮存、加工制作、供餐、留样、从业人员晨检等进行全程监督并自行或委托第三方机构开展快速检测，搭建考点学校食堂"明厨亮灶"专门监看平台，组织专人线上监看，发现问题迅速联动线下驻点监管人员进行处置。长沙市参与保障人数386人，保障考点食堂176家、校外集中用餐点31个，线上线下共发现安全隐患32个，全部督促整改到位，现场快检食品3555批次，不合格4批次，现场销毁问题产品5.42公斤，全力护航"三考"考生饮食安全。

四是相继印发《关于印发〈长沙市2020年度餐饮服务经营者和学校等单位食堂抽查工作方案〉的通知》（长市监通知〔2020〕97号），《关于印发〈长沙市2020年度幼儿园"双随机、一公开"部门联合抽查工作方案〉的通知》（长市监发〔2020〕36号），周密安排部署秋季开学前后学校食品安全监管工作，统筹推进长沙市校园食品安全监管、新冠疫情防控、文明城市创建、厉行节约拒绝餐饮浪费等工作。下发2020年秋季学校及周边食品安全检查工作重点，开展监管人员业务培训，确保开学监督检查工作实效。开学前，市场监管部门组织开展校外培训（托管）机构专项整治，发现问题及时通报交办属地监管部门督促整改到位；开学后，联合教育、卫生健康、公安、城管等部门开展学校及周边食品安全专项检查，市级对50余所学校及校园周边食品经营单位进行督查，发现安全隐患立即交办属地监管部门督促整改到位。

——长沙市卫生健康委员会

7.3.2 完善公共教育服务保障

以"儿童平等"为立足点，全面保障孩子的受教育权。一是致力教育服务均等，保障"每个都上好学"。推进学前教育公益普惠发展，2019年，公办园在园幼儿占比35.3%，其中，普惠性幼儿园占比85.2%；2020年，建设30所公办园，增加3万个公办园学位。截至2020年底，全市已完成新增公办幼儿园学位28903个，完成进度96.34%。学前三年毛入园率达95.6%，居全国前列；义务教育巩固率达到99.9%以上，成为全国义务教育优质均衡发展典型；高中阶段教育毛入学率达96.8%，普通高校录取率达到90%左右。二是推进招生入学改革，保证"一个都不择校"。2016年，长沙市推出"史上最严招生禁令"，公办学校实现零择校，获评第五届全国教育改革创新典型案例。2019年，长沙市城区民办初中实行"50%微机派位和50%自主招生"，2020年，对于报名人数超过招生计划的民办初中学校，全部实施电脑随机派位，实现了义务教育阶段"一个都不择校"，从根本上解决了民办初中学校提前招生、违规考试、无序竞争、超计划招生等难题，让每一个孩子共享公平教育之光。三是实施全纳教育，力争"一个都不能少"。确保义务教育"零辍学"；保障全市符合条件的进城务工随迁子女100%平等享受义务教育一费制全免；办好特殊教育，推行随班就读和送教上门，全力保障残疾儿童入学率。2019年建成长沙市培智特教学校，2020年出台相关文件，完善随班就读支持保障体系；实施教育惠民政策，建立起"减、免、助、奖"等多种形式相结合的贫困学生资助体系，确保全市没有一个学生因贫失学。实施关爱留守儿童阳光行动，留守儿童入学率100%。

资源扩容，长沙5年新增27.9万个优质学位

专栏
7-12

"十三五"期间，长沙教育与城市共生长、与群众的期盼共进步，始终以奔跑的姿态，加大力度供给优质教育资源，奠定城市发展的基础，夯实长沙市民的幸福指数！

5年来，长沙市加大学校建设和投入力度，强力推进校际均衡发展。截至2020年底，全市已新、改、扩建义务教育学校199所，新增学位约27.9万个，投资额约171.7亿元。

长沙市"十三五"期间义务教育学校学位扩容成就

年份	建设学校数（所）	投资额（亿元）	增加学位数（个）
2016	47	42.44	66275
2017	29	23	40600
2018	60	38.85	76480
2019	32	38.44	47410
2020	31	28.95	47985

全市已创建义务教育标准化学校1216所，总投资额约127.7亿元，标准化学校覆盖率将达到98%以上。

长沙市"十三五"期间义务教育标准化学校建设成就

年份	建设学校数（所）	投资额（亿元）
2016	304	22.57
2017	368	23.39
2018	303	32.27
2019	143	20.66
2020	98	28.78

教育是最大的民生。人民对优质教育的期盼，是我们发展的目标和前行的动力。学校的扩容与学位的增加，提升了群众的教育获得感和幸福感。

未来，将会有更多的"家门口的好学校"拔地而起，让教育资源和城市发展同频共振，让教育成为长沙人民幸福感的重要源泉。

——长沙市教育局提供

以"儿童视角"为出发点，规划建设孩子喜欢的校园。一是打造"15分钟就学圈"。把学校布局规划和校园空间设计作为友好型学校建设的首要环节。修订《长沙市中小学校布局专项规划（2003—2020年）》，进一步突出方便入学原则，要求城区小学和初中服务半径分别为0.5km、1km，农村小学和初中服务半径分别为2.5km、3km，努力打造"15分钟就学圈"，力争让每个孩子"能步行上学"。从2010年起，学校体育场馆每逢节假日、寒暑假便免费对学生开放，为学生锻炼提供便利条件。二是提升学校办学品质。全面完成省合格学校建设，编制《长沙市义务教育标准化学校建设规划》，2020年全面完成标准化学校建设任务。2020年，义务教育"大班额"已全部消除，省厅要求消除高中"大班额"191个，实际完成224个，完成目标任务117%。三是创设亲近儿童的校园空间。在新改扩建学校过程中，基于儿童视角，着眼"一米的高度"，优化学校景观设置、设施设备配备、文化空间布置，以

"儿童的视角"设置安全警示标识和宣传橱窗。长沙市实验小学打造场景式阅读空间，雷锋二小的"书香食堂"，长沙市雨花区泰禹小学的"泰禾百草园"，浏阳人民路二小的"海绵系统"空中花园和"快乐书吧"，校园的角落尖角都用海绵包裹起来，打造无尖角校园。

泰禾百草园：禹娃在这里播种和收获

专栏
7-13

为了提高学生的动手实践能力和综合素质，激发学生探究性学习的兴趣，2020年10月，学校举行了"泰禾百草园第一批种植劳动"活动，让学生自己动手栽培植物，观察植物从种子萌发到开花结果的全过程，体验劳动的辛勤与快乐，在进行种植、观察、记录和管理的同时，养成做事细心和持之以恒的好习惯，在科学实践中体会到动手参与的快乐。整个活动中，四、六年级学生一起翻地、施肥、播种、等待油菜花开、观赏、收割、清除油菜秆和根苑。在这长达半年多的种植时间里学生遇到了很多困难，也收获了很多。

常说"春种一粒粟，秋收万颗子"，其实不同植物生长规律是不一样的，比如油菜，在长沙这样的南方地区，却是"秋种夏收"。立夏之后，六年级和四年级孩子们在上一年秋季播种的油菜正好收割，经历了油菜种植的完整劳动过程。

活动后很多学生表达了他们的感受，如有学生提到植物种植的过程是非常不容易的，平时对于吃的粮食并没有任何感觉，但通过这次的栽培，感受到了劳动的艰辛和乐趣也懂得了尊重别人的劳动成果。也有学生谈到通过这次栽培活动增加了自己的责任心，也意识到了生命的宝贵等。

学生感言：

从2020年10月种下这些种子，到2021年4月完全成熟，它们经历了无数风雨，顽强生长。在成长的同时，我看到了它们的"姿态"，比如，油菜花序是总状花序，呈伞房状。花盛开时呈十字形，一般黄色，也有粉色、金黄色等颜色。我还了解到，油菜适应性强、用途广、经济价值高、发展潜力大，种植油菜一年生或越年生草本植物，因为种子可以榨油，所以有油菜之名。通过种植，我发现：成熟的油菜顶端都是弯的，而没有成熟的则是昂着头的。我决定做人要像成熟的油菜那样保持谦逊！

1702班　毛嘉誉

在我们学校的北面有一块块隔起来的空地，而每一块都插着一个牌子上面写着几个字。在靠近围墙西北的一块地里牌子上醒目的写着1702班。这就是我们班的油菜种植地。同学们在家长的带领下，利用休息时间，在这块土地上种下了油菜。

我们在这块土地上播种、撒肥、浇水、除草……转眼就到了收割的季节，我和几位同学、家长亲自参与了给油菜籽"脱衣服"的过程，那天我们用棍子敲打油菜籽。这活看起来很轻松，干起来却很累，我和同学们干一会儿休息一会儿又接着干，经过家长和我们的努力，终于看见了黑黑的圆圆的脱完"衣服"的油菜籽。哇！好可爱的油菜籽，这也是我第一次知道我们吃的菜油是用这个榨出来的。

通过，这次给油菜籽"脱衣服"，让我体会到了干什么都不是那么容易的。需要我们付出自己的劳动，坚持、努力才能取得最后的胜利。

1702班　高子涵

2020年10月11日的栽种，到2021年5月9日的脱籽收获，近7个月的油菜种植让我们靠自己的双手把黄土地变成了绿苗田，开出了五彩缤纷的花朵，看着它焕发蓬勃生机，我们慢慢品尝着劳动带来的收获和喜悦。

记得栽种时，我们松土除草、播种浇水又施肥，盼望着快快长出小苗；移栽时，我们小心翼翼地拔出来再赶快移栽好，期盼它成活；开花时，黄色的、橙色的、雪白的油菜花迷了满眼；收割脱籽时，我们找了工具想尽办法，收获了一小袋的油菜籽。

都说春生夏长秋收冬藏，油菜生长有它自己的规律，我们也是不断在学校、在自然的怀抱里成长。

1703班　孔岚

——长沙市雨花区泰禹小学提供

以"儿童乐学"为关键点，着力打造适合孩子的有效教学。一是深入推进智慧教学。2019年5月，长沙市入选全国首批"智慧教育示范区"创建区域，长沙市全面推进信息技术与教育教学融合创新发展，进一步健全长沙智慧教育体系，打造"长沙市中小学生在线学习中心"，免费提供所有学段、学科的微课资源，开展寒暑假在线学习和网络直播教学。2020年疫情期间，全市100多万中小学生，通过网络教学，居家学习，全面实行了"停课不停学"，得到了教育部的高度评价。2020年，长沙市重新培育一批"未来学校""智慧校园"、网络空间应用优秀学校等示范创建项目，推动教与学方式的深刻变革，实现网络联校对农村薄弱学校的全覆盖，促进城乡义务教育优质均衡发展。二是减轻过重课业负担。出台减轻中小学生课外负担专门文件，科学合理安排学校作息时间，从2016年下学期开始长沙市将城区小学生早上上课时间调整到8：30，保障儿童充足睡眠。2018年开始，开展减负专项督查行动，实行"一月一督查，一月一通报"，着力治理"赶进度、超难度、作业量大"的难题。做好儿童课后服务，开展校外培训机构专项整治，着力解决无证办学机构泛滥和学生课外负担过重等社会难题，为孩子成长营造健康的社会环境。校外无证培训机构整治率、培训学校校名规范率、分支机构备案率均实现100%，治理经验在全国推介。三是全面创设乐学生态。全面推进"体艺2+1"项目，学校每年对学生体育、艺术项目进行测评，市级、区级每年组织足球、篮球、田径、乒乓球等十多个项目的比赛，每年组织大课间体育评比，举行合唱、舞蹈、器乐、朗诵、戏剧等艺术展演，举办漫画、绘画、摄影等比赛，引导学生在义务教育阶段掌握2～3项体育技能、1～2项艺术爱好，为孩子的幸福人生奠基。929所中小学校为54.72万名学生提供"三点半"课后服务，作为全市主题教育成果在中央电视台播出。推进社会实践常态化，全市建设208所学校少年

宫、7个学生素质教育综合实践基地、122个研学实践基地，同时以儿童的视角打造研学地图、建设2条长株潭红色教育主题研学路线、设计适合儿童发展的研学课程，让儿童在探索中乐学、在实践中求知、在实践中发展。

长沙学前教育课程建设"新视角"："养成教育"润童心 专栏 7-14

2017年，长沙市教育局根据市委市政府的工作部署，坚持科学保教，关注幼儿全面发展，结合本土特色编写了地方课程《长沙市幼儿养成教育活动资源》（以下简称《资源》）。自2018年秋季学期起，由政府全额买单，供全市40余万名在册在园幼儿使用。

《资源》以"养成教育"为核心，以形式多样的活动为载体，汇集8大板块16个主题，包括习惯养成、中华美德、美丽星城、社会主义核心价值观等内容。为加强对此套资源的理解和运用，推广优秀成果，拓展资源使用，每年对全市2.74万余名幼儿园教师免费开展分层、分批研训，线上、线下同步进行，提升了长沙市幼儿园教师的保教实践能力。

《资源》的开发与使用，解决了"幼儿园教什么"的重要问题，深化了"一日生活皆课程"的教育理念，推进了地方特色课程改革创新，将"立德树人"的根本任务落到实处。

——长沙市教育局

7.3.3 强化儿童友好宣传推广

拍摄儿童友好宣传片、制作儿童友好之歌。为凝聚社会共识，向社会传递儿童友好型城市的理念、内涵、做法，长沙市自然资源和规划局组织拍摄儿童友好型城市宣传片《儿童友好生长之城》，介绍了长沙市5年儿童友好型城市的实践经验及优秀成

果。为倡议全体市民树立以儿童为本的城市发展理念，营造儿童友好的城市氛围，长
沙市自然资源和规划局邀请李少白、朱青创作长沙儿童友好主题曲《未来的微笑》并
于2019年11月20日世界儿童日正式发布。歌词清澈阳光，旋律欢快活泼，不仅表达了
长沙对儿童的友好，也表达了儿童对城市未来的美好期待。

《儿童友好，生长之城》宣传片解说词 　　专栏
7-15

> 山水洲城，麓山古寺，爱晚亭旁，橘子洲头。
>
> 这，就是长沙！一座致力于儿童健康成长的友好之城！
>
> 儿童是曾经的你我，也是未来希望的种子。
>
> 为了每一粒种子都能开出希望的花朵，
>
> 长沙，
>
> 用"温暖"播种，精心搭建政策框架；
>
> 用"开放"栽培，精致规划成长空间；
>
> 用"包容"浇灌，精细健全服务体系。
>
> 长沙，正在打开"儿童友好型城市"共建共享的新格局。

关注儿童，友好政策在聚焦

从1997年《长沙市城市中小学幼儿园规划建设管理条例》制定到2003年
《长沙市市区中小学建设用地规划》编制；

从2015年率先提出建设儿童友好型城市到2016年第十三次党代会正式将创
建"儿童友好型城市"列为城市发展目标，再到2018年提出"三年行动计划"；

从《长沙2050远景发展战略》到三级三类国土空间规划体系构建，再到
建设项目在设计要点阶段明确儿童友好内容的试点。20余年间，长沙从未停
止对儿童友好的探索。

覆盖城乡，友好空间在创造

建设22所儿童友好示范学校，改造十所小学周边环境和设施，营造儿童友好学习空间。

通过扎针地图了解孩子们的上学路径，铺设50条爱心斑马线，优化儿童友好出行空间。

打造多个儿童友好公园，倡导学生主导公共空间"微改造"，拓展儿童友好游戏空间。

推进传统社区更新和乡村振兴，建成661个社区儿童友好之家、189个村儿童之家、近200余家标准母婴室，完善儿童友好生活空间。

政府、社会团体、企业共谋共建，发布了创建儿童友好型企业导则，授牌了20家儿童友好型企业，儿童友好多元共建共享的服务模式不断结出硕果。

从城市空间向全域播种，长沙儿童友好的种子在乡村生根发芽。长沙市望城区白箬铺镇正努力创建长沙市首个"儿童友好先行先试镇"。

长沙县蒲塘村是政府的精准扶贫点，在这里寻民强老人的农家书屋、志愿者的"第二课堂"等充分体现了"儿童友好，人人可为"的理念。

汇聚爱心，友好服务在联动

城市公共场馆正成为打开孩子们丰富内心世界的"钥匙"。

规划师用情景游戏式的儿童参与方式，让真实的项目在规划设计与评审时聆听到来自孩子们的声音。

儿童主题活动接连举办，为儿童友好搭建了广阔的舞台。儿童友好观念深入民心，深得民意。

少年儿童用画笔寻找春天，借助媒体的镜头让社会都触动到这份因新冠疫情而姗姗来迟的融融春意。

"儿童友好成长树"一篇篇微信公众号推文记满儿童成长的故事，把"儿童友好"的理念传播到五湖四海。

"儿童友好"赋予了这座城市柔软而温润的内核，并将向乡村延伸、向相邻城市延伸、向儿童友好产业链延伸。

从倡导儿童友好理念的先行示范，
到保障儿童权益政策的全面实施；
从探索儿童健康发展的服务体系，
到满足儿童成长需求的设施落地。

长沙，
给予儿童的不只是一段美好的童年时光，
更是照亮未来之路的成长指南。
阳光之地，
每一颗萌发的种子都将汇成繁茂的森林。
暖暖长沙，
每一颗被温暖的童心都拥有幸福的家园。

长沙，将一座城市的温情映射在孩子们的笑脸上，用儿童友好描绘山水洲城新画卷。孩子们成长的足迹必将融入城市发展轨迹，它满载着爱与使命迈向新的纪元。

——长沙市自然资源和规划局

依托公共场馆，丰富儿童文化生活。一是坚持免费开放。各文博场馆、公益性文化设施制定了《未成年人讲解词》《未成年人参观须知》《服务内容》等制度，始终遵循"全心全意为公众服务"的理念，坚持长期免费向公众开放，最大限度地为社会公众提供真诚与优质服务。二是打造示范阅读空间。长沙市已经建成标准化村（社区）综合文化服务中心1000个，均配备可供儿童学习、阅读的图书室、活动室。建成图书馆总分馆共130家，流动图书车服务点91个，阅读活动、阅读服务延伸到社区。长沙市图书馆面向未成年人的阅读项目——"青苗计划"已建成0~3岁、3~6岁、6~9岁、9~12岁4个青苗社，共推荐3000余种主题图书，人均阅读量达160余册。开展阅读活动达1180多次，其中包括阅读教育类的活动有青苗阅启蒙、青苗绘之旅、青苗国学馆、青苗大课堂、阅读引导训练营等，阅读展示类的有青苗分享会、青苗在旅图等，总计参与读者达97000余人。三是开展文化活动。市属博物馆、文化馆、图书馆等都有面向未成年人的品牌活动，每年提供社会实践活动千余场，定期举办小小讲解员、童创汇、故事驿站三点钟、故事城堡绘本之旅、悦读吧手工课堂、少儿阅读引导训练营等活动，深受未成年人的欢迎，年参与人数近30万人次。市群艺馆每年假期针对外来务工子女采取线上线下课程相结合的方式免费开设创意油画棒课、趣味音乐课、少儿硬笔书法课三大艺术门类课程。长沙音乐厅暑期面向未成年人开展"打开艺术之门"活动，青少年以低票价享受高雅艺术，每年演出十余场。

多层次、全方位开展青少年法治宣传教育和法律援助。一是高度重视，精心组织，夯实青少年普法责任。组织召开市委全面依法治市委员会守法普法协调小组第一、第二次会议，明确将"青少年法治宣传教育"作为重点普法内容，并纳入守法普法协调小组成员单位工作职责、年度普法依法治理工作要点和年度国家机关"谁执法谁普法"责任制工作要点。持续推进"谁执法谁普法"项目化管理，调整"谁执法谁普法"责任单位及普法责任清单，分别确定常规项目和特色项目。二是强化亮点，注重实践，加强青少年普法阵地建设。着力培养青少年学法守法意识，建成45个法治文化示范阵地，依托法治公园（广场）、宣传橱窗、文化长廊等加强与未成年人保护相关的法律法规宣传，营造良好的法治教育氛围。组织开展全市中小学"校园法律服务站"创建，在全市各中小学校推动建成校园法律服务站，发挥学校法律顾问专业支撑作用，实现全市教育系统全覆盖。三是突出重点，加强宣传，营造良好的法制宣传氛围。在全市教育系统开展形式多样、内容丰富的法制宣传教育活动，通过青少年法制宣传教育周活动、"最美守法少年"评选活动、"成长礼"和"守法礼"活动、"全省义务教育阶段法制示范课程"推广活动、"学宪法讲宪法"系列活动等方式，推动校园法制文化建设，展示法治建设成果。围绕预防犯罪、禁毒和青少年法制宣传教育等内容开展移动电视法制宣传活动，在全市102条主要公交线路2800块终端屏幕，

1、2、4号地铁5347块终端屏幕，长沙磁浮快线沿线75块终端屏幕同步上线播放系列法制宣传视频。四是提升儿童法律援助质效，维护儿童合法权益。不断规范市、区县（市）、乡镇（街道）、村（社区）四级法律援助工作站及工会、共青团、妇联、律师事务所等部门法律援助工作站的运行，为未成年人维权建立健全了"贴心式""一站式"服务。

7.4 小结

用爱浇灌的生活环境才是城市繁荣、幸福的内生动力。正如联合国儿基会儿童权利的杰出倡导者、约旦王后拉尼娅·阿尔阿卜杜拉所说："纵观历史，凝聚人性与博爱的城市生活才能不断促进贸易、理念和机会的迸发，这些都使城市成为经济发展的引擎"。一座围绕儿童权利而规划和建设的城市是保障和提升所有家庭和全体人民福祉的最佳选择。

关注儿童，用爱与行动参与建设"儿童友好型城市"，不是去打造一个梦幻、纯真的童话世界，也不是让孩子们躲在我们铸造的温室与城堡里，而是构筑一个以儿童需求为基准、儿童权益为中心的多彩世界，这个世界的内核是安全、公平、尊重、包容、友善。"儿童友好"的本质实为全龄宜居、全民友好，最终实现社会可持续发展和文明传承的愿景。

第 8 章

体系与组织

> 社会的公正应该这样分配：在保证每个人享受平等自由权利的前提下，强者有义务给予弱者以各种最基本的补偿，使弱者能够像强者一样有机会参与社会的竞争。
>
> ——约翰·罗尔斯《正义论》

儿童友好型城市建设是一项系统工程，需要整合城市各方面力量共同推进，形成完整的闭环治理链，实现对儿童生存与发展、受保护和参与权利的全过程保障。基于此，一切对儿童权利和福祉的关注与行动应有目标、有计划、有秩序地推进，即实现体系与组织的必要性。

公共机构、私营部门、民间团体、专家、志愿者、儿童都发挥各自关键角色的作用，社会各界共同关注儿童成长与发展，在城市规划建设和运营管理中进一步贯彻儿童优先原则，尊重儿童需求、维护儿童权益、增进儿童福祉。从个体努力转向全民参与，关爱和尊重儿童才能形成良好社会风尚与城市共识。

8.1 全球视野：爱慧交融的共建与共享

8.1.1 联合国儿童基金会

1946年12月11日，为了满足第二次世界大战之后欧洲与中国儿童的紧急需求，联合国儿童基金会（United Nations International Children's Emergency Fund，简称UNICEF）应运而生。1950年，联合国儿基会的服务范围开始拓展到全球所有发展中国家的儿童和母亲。1953年，联合国儿基会正式成为联合国系统的永久成员，并受联合国大会的委托致力于实现全球各国母婴和儿童的生存、发展、受保护和参与的权利。目前，联合国儿基会已在190多个国家和地区开展工作，重点着力于拯救儿童的生命、捍卫他们的权利和帮助他们发挥最大潜能（表8-1）。

联合国儿童基金会工作概况　　　　　　　　　　　　　　　　　表8-1

板块	具体内容
儿童保护与接纳	携于全球合作伙伴，努力改善能够为所有儿童提供保护的政策和服务。
儿童生存	通过触及最弱势的儿童，使得全世界儿童死亡率有所下降。
教育	坚信优质教育是所有儿童的权利，无论是在发展中国家还是在存在冲突和危机地区。
社会政策	帮助世界儿童消除贫困，并且保护女孩还有男孩们去避免那些会对他们终生产生严重影响的后果。
应急响应	无论何处发生危机，联合国儿基会都会带上救援资源赶到受灾最严重地区慰问儿童和家庭。
性别	争取妇女和女童的平等权利，使其充分参与世界各地的政治、社会和经济发展进程。
创新为儿童	坚信根据严谨的科学研究制定的创新性、创造性解决方案，能够解决儿童所面临的复杂挑战。
供应与物流	努力为世界上最贫困的儿童提供、运送关键药品，提供援助及物资。
研究与分析	在严谨的研究和全面的分析基础之上，开展各项全球计划和倡议。

1979年，联合国儿童基金会在中国北京设立驻华办事处，与中国政府开展紧密合作，在教育、水和环境卫生、卫生和营养以及儿童保护等多个领域开展了试点项目，通过项目的数据分析和研究论证，为国家的相关政策制定与立法提供依据，以改善儿童的生活，实现可持续发展。致力于促进儿童权利的落实，为此助力政策发展和法律保障工作。联合国儿童基金会驻华办事处与中国政府和其他合作伙伴携手努力，确保最贫困的儿童也能够享受到国家发展红利。与此同时，联合国儿基会也对外分享项目经验和研究成果。

关于联合国儿童基金会

专栏
8-1

联合国儿童基金会在世界上最艰苦的地区帮助最脆弱的儿童和青少年，保护世界每一个角落的每一名儿童的权利。我们在190多个国家及地区，尽一切努力帮助从幼儿到青春期的儿童生存、茁壮成长并实现自己的潜能。

作为全球最大的疫苗提供方，我们支持儿童卫生和营养、安全用水和环境卫生、优质教育和技能培训、母婴艾滋病防治，并保护儿童和青少年免遭暴力和剥削。

在人道主义紧急情况发生之前、期间和之后，联合国儿基会均处在第一线，为儿童和家庭提供能够挽救生命的援助，并为他们带去希望。作为一个公正的、非政治的组织，我们在捍卫儿童权利和保护儿童生命及未来的问题上绝不袖手旁观。

我们永不止步。

——联合国儿童基金会官网

8.1.2 中华儿童慈善救助基金会

中华少年儿童慈善救助基金会（简称：中华儿慈会）成立于2010年1月12日，是一个由国务院批准、民政部主管的全国性公募基金会。中华儿慈会坚持"以慈为怀，从善如流，呵护未来，促进和谐"的理念，倡导"人人助我，我助人人"的精神，走"民间性、资助型、合作办、全透明"的道路，并按照"管理、运作、监督"三结合的工作模式，从生存、医疗、心理、技能、成长等方面对社会上无人监管抚养的孤儿、流浪儿童、辍学学生、问题少年和其他有特殊困难的少年儿童开展救助活动，传播慈善理念，弘扬慈善文化。中华儿慈会成立11年来，募款总额突破35亿元，其中个人捐款占比近70%，救助了全国31个省、市、自治区的困境少年儿童700余万人（表8-2）。

中华儿慈会工作概况   表8-2

项目	内容
宗旨	救助有特殊困难的少年儿童，帮助他们获得生存与成长的平等机会和基本条件，资助民间公益慈善组织为少年儿童服务，坚持以慈为怀，从善如流，呵护未来，促进和谐的理念，倡导人人助我，我助人人的精神。
受益群体	少年儿童
活动领域	生存救助：创慈善家园，为困难儿童提供生存条件； 医疗救助：建医疗通道，为困难儿童解除病魔困扰； 心理救助：除心智障碍，为困难儿童开启情感交流； 技能救助：育一技之长，为困难儿童搭建就业桥梁； 成长救助：设助学奖励，为困难儿童铺就成才道路。
救助渠道	（一）创办"博爱儿童新村"，建立抚养、培养和生活服务为一体的和家庭、学校、社区相结合的儿童村，帮助有困难的儿童生存、发展和健康成长； （二）创建少儿"慈善服务之家"，对困难儿童进行收养、教育、培训和管理，组织开展有益于心身健康的活动，为其进入社会创造条件； （三）搭建"就业发展桥梁"，对困难闲散少年提供免费技能培训，帮助他们就业和发展； （四）设立"自强奋进奖"，对困难学生设立奖学金，鼓励他们"好学上进，天天向上"，为社会培养优秀人才； （五）办好"慈善救助通道"，对困难儿童进行紧急的直接救助。

中华儿慈会部分代表项目介绍   专栏
                                        8-2

9958 儿童紧急救助项目

【项目概述】：9958项目是中华少年儿童慈善救助基金会设立的儿童紧急救助热线，热线号码为400-006-9958（救救我吧），宗旨是竭尽可能满足孩子在疾病治疗和成长中的需求，并给予孩子爱的温暖，坚持"救急、救命、快捷、实效"的原则，救助在各种困境中急需救助的少年儿童。

【执行地点】：全国

【活动领域】：儿童医疗救助

【项目预算】：1000万

【资金用途】：贫困患病儿童救助

【受益群体】：患重病大病等贫困儿童

【受益人数】：2011年共接到求助热线21652条，救助各类患儿1256名，其中资助163名儿童，涉及42个病种、28个省市自治区。

【项目推进计划】：2012年目标是救助1000名患儿，在全国扩展执行团队和合作医院。2012年成功救助深圳市的患有罕见巨型淋巴囊肿患儿、江西鄱阳中毒姐弟等。

【社会贡献】：本项目是中国第一个中国儿童紧急救助服务热线，被称为中国儿童危难大病救助的110。

【已筹善款总额】：1,190,121,863.29元

童缘联劝中心

【项目概述】：为了更好地帮助民间公益组织进行项目筹款和能力建设，整合社会资源以扶助有创新力和影响力的公益项目，更有效地让每一笔捐助发挥价值。2013年9月，中华儿慈会"童缘"项目进行调整和深化。2014年，中华儿慈会推出"童缘联合劝募计划"，搭建儿童公益领域NGO的联合劝募平台，为帮助儿童公益领域NGO解决身份、募款及执行能力问题，更好地为民间公益组织和弱势儿童服务。截至2020年12月，先后有179家民间公益组织加入"童缘联合劝募计划"，通过提供平台、募集资金、培训、行业交流等全方位的支持，对儿童公益领域NGO提供新的资助，让他们获得了更好的成长空间。

【执行地点】：全国

【受益群体】：困境儿童

【社会贡献】：培育民间公益慈善力量，团结全社会的民间公益慈善组织、社会团体、爱心企业和爱心人士，大家一起做公益、一起做慈善，"以助童之心，聚公益之力，为儿童造福"。

【已筹善款总额】：79,660,104.20元

爱心家园救助中心

【项目概述】：创建于2002年，由志愿、无偿为社会提供义工服务和困难儿童救助的各界人士组成的非营利民间公益组织，贯彻"让关爱成为一种习惯"的理念。

【执行地点】：全国

【活动领域】：白血病、贫困及受灾儿童救助；志愿者服务

【项目预算】：140万元

【资金用途】：助医、助学

【受益群体】：少年儿童

【受益人数】：1万人

【项目推进计划】：2011年12月启动白血病救助项目，第一批贫困白血病患儿获得55万救助款。为河北涞水贫困山区小学的硬件条件及贫困生资助筹集资金及物资约50万元，帮助农村贫困学校20余所，惠及学生4000余人。

【已筹善款总额】：409,995,163.28元

【社会贡献】：2004年湖南十大公益事件奖；

2005年湖南十大公益事件奖；

2006年湖南慈善奖；

2009年北京市"两节送温暖"突出贡献奖；

2011年京华公益奖；

2012年最美义工组织奖、北京市有影响力志愿服务组织奖。

——中华儿慈会官网

8.1.3 中国公益研究院

2010年6月，北京师范大学与壹基金共同创立了中国第一所公益研究院——中国公益研究院。中国公益研究院致力于儿童福利、养老服务、残疾人事业、公益慈善、社会应急救助等领域，通过行业研究、教育培训、行业交流、公益咨询与服务等，重点打造聚合全球公益资源的社会政策领域高端智库（表8-3）。

儿童福利研究中心旨在促进儿童福利与保护服务专业化发展，重点关注儿童福利与保护、医疗与健康、教育与发展，着力开展研究、咨询、项目、培训等业务。儿童福利研究中心致力于行业研究，从而为政府相关部门提供政策参考，为合作伙伴提供公益事业专业咨询服务，实现社会慈善资源与儿童领域需求有效对接。同时，注重以合作项目为基地，促成社区儿童社会工作实务教育培训体系的形成，为基层儿童福利服务与保护人员提供专业培训支持。

北京师范大学中国公益研究院儿童福利研究中心工作概况　　　　表8-3

板块	具体内容
行业研究	秉承行业服务理念，持续全方位监测儿童领域动态，定期发布独家资讯产品； 每周呈报《一周儿童福利动态》《儿童宏观形势研判》； 每月呈报《中国儿童福利月度分析》《儿童大病救助信息简报》； 每年发布《中国儿童福利与保护政策报告》《中国儿童政策进步指数》。
政策倡导	立足儿童智库定位，深入评价分析中央与地方儿童政策进展与挑战，为儿童社会问题解决和公共政策制定提供决策参考。2013年起，呈报《儿童政策研究参考》7份，其中《关于推广"中国儿童福利示范区"经验率先促进新疆儿童福利事业发展的建议》《关于完善儿童大病救助和福利制度减少社会弃婴现象的建议》《建立应救尽救机制以托住重特大疾病医疗救助底线的政策建议》获得国家领导人重要批示，推动儿童福利与保护、重特大疾病医疗救助等相关政策完善。2016年起，编发《儿童福利舆情快报》，直送国务院办公厅信息处。年度发布《中国儿童福利与保护政策报告》《中国儿童政策进步指数报告》，全面梳理儿童政策进展。
教育培训	立足2010年起，开展"赤脚社工"——基层儿童福利与保护社区工作者队伍选拔与培训实践经验，旨在为关注和开展儿童社会服务的政府部门、慈善组织、专家团队和一线人员提供符合基层儿童福利与保护需求，适应经济社会发展水平与儿童福利和保护制度建设需要，融合国际先进理念与社会工作实务的社区儿童社会工作者知识体系及培训课程，推动以专业化理念和技能搭建儿童社会服务网络，解决"最后一公里"问题。

湖南省儿童福利机构负责人培训项目

2018年10月22日至24日，"湖南省儿童福利机构转型发展研修班"在北京成功举行。本次培训的一大亮点为"研究型培训"，特别邀请王振耀院长、陆士桢教授、王婴教授等七位理论与实践经验丰富的专家授课，系统介绍现代儿童福利与保护服务体系的理论实践知识。课程以儿童福利到儿童服务这一创新角度为起点，结合中西方的实际，深度剖析现代儿童福利与保护服务体系的核心内容。课程主题包括民政儿童福利与保护服务发展趋势、基于儿童权利的儿童福利和保护、新形势下的儿童福利发展趋势、福利机构社会开放的路径选择、福利机构儿童早期发展促进活动介绍、美国儿童博物馆的教育理念和公益实践、儿童为本理念在福利院工作中的运用和儿童保护的国家责任与案例分析。

——中国公益研究院官网

8.2 政府机关：自上而下的传导与管控

8.2.1 横向架构：市级领导小组及相关职能部门

2016年以来，建设"儿童友好型城市"连续被写进长沙市委市政府的工作报告或重要会议中，以重点工作任务、改革深化项目、民生实事工程等形式稳步推进。长沙通过制订《长沙市创建"儿童友好型城市"三年行动计划（2018—2020年）》，统一全市思想，形成全市共识，建立市委市政府领导下的多部门多主体联动机制，通过顶层规划、试点创建、制定标准、逐步推广，全面推动长沙儿童友好型城市建设。

长沙市"儿童友好型城市"创建工作领导小组

专栏
8-4

2020年11月2日,《长沙市人民政府办公厅关于成立部分议事协调机构的通知》(长政办函〔2020〕39号),宣布成立长沙市"儿童友好型城市"创建工作领导小组。领导小组成员如下:

顾问:市长

组长:常务副市长

副组长:副市长(分管教育、城建)

成员单位:湖南湘江新区管委会、长沙高新区管委会、长沙经开区管委会、市委宣传部、市发展改革委、市教育局、市公安局、市民政局、市司法局、市财政局、市自然资源规划局、市住房城乡建设局、市文旅广电局、市卫生健康委、市市场监管局、市体育局、市城管执法局、市医保局、市人居环境局、市总工会、团市委、市妇联、市残联、芙蓉区人民政府、天心区人民政府、岳麓区人民政府、开福区人民政府、雨花区人民政府、望城区人民政府。

领导小组办公室设在市自然资源规划局,由市自然资源规划局局长兼任办公室主任。

市级工作领导小组的成立进一步完善了长沙市委、市政府领导下的多部门多主体联动机制,丰富了以儿童为中心,"行政+社区、学校、企事业、公益组织、媒体"的儿童友好型城市治理体系。

——长沙市人民政府办公厅

8.2.2 纵向传导:市级-区县级-街道-小区-家庭

在横向架构的基础上,纵向层面的传导决定了落地与实施。长沙市搭建起市级-区县-街道-小区-家庭的工作传导与实施体系，市政府对接联合国儿基会、国家发改委，在其指导下制定战略规划、为区县政府提供技术指导、开展工作评估和验收，区县政府制定行动方案、布置工作任务，街道和小区支持各个项目和开展具体工作，家庭积极参与活动和政策制定、享受政策与福利，逐步完善儿童友好共谋共建共享大格局。

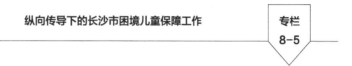

纵向传导下的长沙市困境儿童保障工作　　专栏 8-5

构建基层儿童福利服务体系

建立了市、区县（市）、乡镇（街道）、村（社区）四级儿童福利管理网络，构建"一乡镇（街道）一儿童督导员、一村（社区）一儿童主任"的基层儿童关爱保障体系。坚持选优配强，明确专人担任儿童督导员和儿童主任，做到事有人干、责有人负。连续两年开展了覆盖全市的儿童督导员、儿童主任培训，提升其家庭走访、信息更新、强制报告、政策链接、落实家庭监护主体责任的工作能力，为基层儿童福利队伍充电增能。

打造村级儿童之家示范点

全力推进儿童之家建设。近年来新建村级儿童之家142家、提质改造47家，建制村儿童之家覆盖率已提前达到100%，为儿童之家所在地的农村留守儿童和困境儿童提供了集聚场所、活动场地和关爱保护基地。今年又将35家村级儿童之家提质改造工作纳入市政府重点民生实事任务，出台了《长沙市民政局关于做好重点民生实事项目村级儿童之家提质改造工作的通知》，制定了《长沙市儿童之家提质改造建设标准》，做好儿童之家示范建设。

营造爱童护童的关爱氛围

指导各区县（市）民政部门利用"六一"儿童节、寒暑假等契机，在全市范围内开展对孤弃儿童、事实无人抚养儿童在内的农村留守儿童和困境儿童关爱慰问活动227场（次），发放慰问品、慰问补贴价值近130万元，服务农村留守儿童和困境儿童10534人次。通过个案、小组、社区活动等方式介入，开展了"向阳花开——困境儿童成长计划""感恩母亲节""致敬坚守，为爱加油""邻里守望，温暖陪伴，希望同行"等特色活动。

推动社会组织共同参与行动

在2019年实现乡镇（街道）社工站全覆盖的基础上，我们坚持聘请专业社工，通过个案、小组、社区活动等方式介入，落地为社区开展服务。活动涵盖了儿童安全教育、亲子家庭教育、儿童公益行动、留守儿童关爱、困境儿童援助、农民工子弟关爱服务等多个范畴，拓展了儿童福利的广度和深度。

——长沙市民政局

8.3 社会群体：自下而上的探索与实践

长沙市在早期践行"儿童友好"理念的过程中，个人的力量与贡献、政府机关的单向努力总是突出而又单薄。到了生产力日益发达的今天，社会分工逐渐细化和深化，信息技术的跨越提升，社会组织结构呈网络化发展，公众也逐渐认识到儿童权利与福祉是由纷繁复杂的不同现象、因素交织而成的。建设"儿童友好型城市"必须以多学科、多领域、多部门知识架构为基础，要达到政府机关主动引导、社会各界积极参与、全民力量集体行动的综合导向才能实现。自下而上的探索与实践以及自上而下的传导与管控体系交相辉映，公共机构、私营部门、民间团体、专家团队、志愿义工和儿童代表都成为儿童友好巨大网络体系中环环相扣的精彩节点，长沙也逐步培育了强大的"儿童友好"社会服务体系（图8-1）。以下均由个案形式体现。

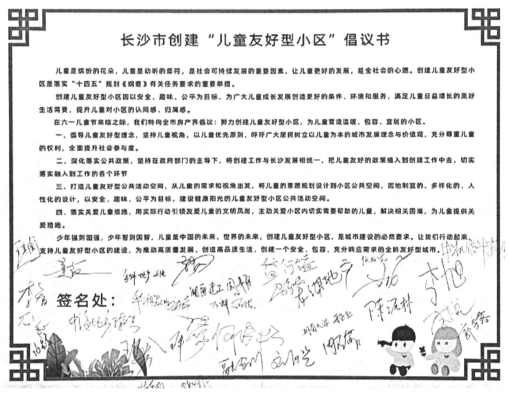

图8-1　长沙"儿童友好型"小区倡议。2021年5月21日，长沙市儿童友好型城市创建领导小组召集成员单位负责人及房地产代表召开"发展建设全龄友好城市专题会"，发布"儿童友好型小区"倡议书，得到了万科、长房、融创、龙湖、金科、绿地、华润、中海、中建信和、湖南建工等房企积极响应（图片来源：长沙市自然资源和规划局）。

8.3.1 公共机构

公共机构在儿童友好城市建设中是主要公共资源的提供方，也是主要活动的组织方以及儿童参与实践的主要平台。长沙参与儿童友好城市建设的公共机构包括了各类博物馆、展览馆、学校及基层政府等。这里以长沙规划展示馆和白箬铺镇为典型来看公共机构在长沙儿童友好城市建设中发挥的主要作用。

（1）长沙规划展示馆

长沙规划展示馆（以下简称"规划馆"）位于长沙市开福区新河三角洲滨江文化园内，由长沙市自然资源和规划局布展与管理，全馆建筑面积约9255m²，其中布展区面积7800m²，是集规划展示、科普教育、公众参与等多功能于一体的专业展馆。自2015年10月1日投入运行至2020年10月10日，长沙规划展示馆共接待421.3万人次、团队2803个，是展示长沙城市建设和规划成就的重要窗口。

截至2020年10月10日，长沙规划展示馆共开展各类主题活动446场，其中绝大部分都是面对儿童和青少年的。活动内容丰富、知识性强，它在引导社会各界人士关注儿童成长，尊重儿童的梦想与期望，保障儿童的生存权、受保护权、发展权和参与权等方面意义深远。

联合优势资源举办儿童友好型活动，呼吁广大市民关注儿童健康成长。自2015年长沙市提出创建"儿童友好型城市"以来，长沙规划展示馆先后在长沙市自然资源和规划局指导下，承办了2017年、2019年"点亮儿童未来"世界儿童日长沙站亮灯仪式、"城市·儿童·健康·未来"岳麓论坛暨"城市＋"公开课等活动。通过优势资源整合，举办儿童友好专场活动，联合国内外高校、长沙市基层社区以及社会组织等各界专家代表共同发声，呼吁社会公众广泛关注城市儿童的健康以及未来。长沙规划展示馆自2016年起，联合长沙市教育局、长沙晚报社共同举办"我和长沙的20××"中小学生征文比赛，让广大中小学生在城市规划建设中享有更多的知情权、参与权、建议权，让儿童获得更多的幸福感、快乐感。"我和长沙的20××"征文比赛已连续举办4年，共征集到1万多篇文章和200多幅绘画作品。每年定期选出优秀作品在长沙规划展示馆进行公开展示，为广大青少年搭建"建设长沙，赞美长沙"的发声平台。

创新活动方式，鼓励儿童参与社会公共事务。2020年"六一"儿童节，长沙规划展示馆创新形式，举办的"城市+"公开课之"儿童友好·美丽长沙"主题活动将舞台剧搬进规划馆。舞台剧展示了2015年以来长沙市在建设"儿童友好型城市"中的一系列友好措施。剧中小演员邀请了长沙首批创建儿童友好型试点学校中的受益儿童。除此之外，活动当天展馆还展示了孩子们眼中春天的摄影作品和绘画作品，并鼓励孩子们与时代同频共振，用镜头和画笔融入社会。系列活动很好地营造了儿童优先的城市氛围，提高了社会对儿童友好的认知度和儿童对社会公共事务的参与度。2020年9月举办的"城市+"公开课之"那河·那桥·那城"同样打破公开课的固有模式，将活动现场搬到浏阳河上，组织了20组亲子家庭活动。特别是在专业老师带领下，亲近大自然并沿河进行考察，了解了浏阳河水生态治理、浏阳河上的桥梁以及沿河城市建设情况。孩子们对生态文明建设、城市发展等也提出了自己的想法与见解。通过这样的活动，孩子们认识到保护自然和环境的重要性，并表示在生活中积极践行低碳环保，且共同参与到城市生态文明的建设中来。

自主策划、精心组织各类青少年实践活动，为创建"儿童友好型城市"助力。青少年是城市未来的主人，为了让青少年更好更快地融入城市，帮助青少年更好更快地成长，长沙规划展示馆围绕青少年开展一系列主题实践活动，为未来城市主人铸造健康成长的"大平台"。目前，长沙规划展示馆已经成为长沙市中小学生的"打卡点"，每年有近万名中小学生在此参与"小小讲解员""长沙小达人""小小管理员""小小规划师"等各类主题实践活动。此外，长沙规划展示馆的其他品牌活动，如已连续举办三届的"梦想家"建筑节，也专门设置了儿童友好互动环节，听取孩子们在房屋建造、景观设计、休憩空间营造等方面的想法。但凡有机会让儿童参与的活动，长沙规划展示馆都会用心组织，创造让儿童参与城市建设的机会，并倾听他们的心声。

（2）白箬铺镇——以"儿童友好"回答乡村振兴

白箬铺镇，隶属于湖南省长沙市望城区，地处望城区西部偏南。白箬铺镇交通便利、区位优势十分明显，以金洲大道为中轴线，长常高速、319国道横贯东西，发展触角全方位延伸。白箬铺镇生态环境优美，岗峦交错、景色宜人，蜿蜒秀丽的八曲河、白箬河共同滋养一方沃土。

光明大观园里的贝拉小镇、松鼠谷、蝴蝶谷，奇妙刺激的集合空间、森林穿越、勇气滑道……其生态资源良好，文化底蕴深厚，并深受广大青少年儿童喜爱。白箬铺镇具有独特的儿童友好乡镇建设基础。在新一轮"乡村振兴"战略中，白箬铺镇以"儿童友好+乡村振兴+城乡可持续发展"为抓手，探索白箬铺镇儿童友好型乡镇的规划与实施路径，建设长沙市儿童友好乡镇示范，并致力成为长沙儿童友好的十大品牌之一，同时搭建长沙儿童友好城乡互动战略格局（图8-2～图8-4）。

图8-2 长沙市望城区白箬铺的孩子们描绘的儿童友好展示墙

图8-3 长沙市望城区白箬铺的孩子们共同参与湖南省第二届自然教育论坛

图8-4 长沙市望城区白箬铺"儿童友好小镇"

该镇为有力推动儿童友好先行先试，实施了"9461"行动，即举办9场儿童友好主题活动、开展4个儿童友好试点、建设六大阵地、实施1个儿童参与行动。通过项目实施，引导鼓励孩子们参与乡村建设和治理，把乡村的孩子培养成有视野、有思想、爱国爱家乡的人才，以儿童友好回应乡村产业振兴。

中国的乡村振兴要追溯到2005年召开的中国共产党第十六届五中全会。本次会议提出了建设社会主义新农村的重大历史任务，即"生产发展、生活宽裕、乡风文明、村容整洁、管理民主"等关于美丽乡村建设的具体要求。而长沙市望城区白箬铺"儿童友好型乡镇"的探索让"儿童友好"理念真正由城入乡，这是乡村振兴的另一种途径。在儿童友好乡村建设中，长沙市望城区白箬铺镇进行了有益的实践探索，也正是这样的先行先试，打造出了"白箬之光"品牌。筑巢引凤，以点带面，如何吸引更多人参与儿童友好型城乡建设，并践行人与自然、城与乡、人与人之间的友好互动，白箬铺镇依然还在摸索中。

8.3.2 私营部门

（1）湘江欢乐城

湘江欢乐城坐落于长株潭地区的几何中心，是大王山旅游度假区的引领性项目，是湖南省首个世界级特大创新型综合旅游产业项目，也是世界唯一悬浮于百米深坑之上、娱雪嬉水于一体的主题乐园。该项目占地1.6km²，建筑面积50万m²，总投资约120亿元，具有项目创意世界唯一、项目设计世界一流、项目建设"两型"典范的特点。其中，欢乐雪域和欢乐水寨项目于2020年7月11日盛大开园。湘江欢乐城雪域水寨积极响应构建儿童友好型城市建设，坚持儿童优先和儿童权利最大化原则，尊重儿童需求，促进儿童全面健康发展，并围绕空间友好、服务友好、政策友好、互动友好等四个方面，践行了一系列的规划和探索：

从空间友好看，欢乐雪域由世界建筑大师Wolf D.Prix设计，悬浮于一个百米深坑之上，是国内建筑形态最有特点、建筑难度最大的室内冰雪乐园。占地面积约3万m²，可同时满足冰雪运动、冰雪娱乐及冰雪观光等全客群游玩需求。其中娱雪区包含高山步行道、雪人区、爱斯基摩冰屋、冰雪淘气堡、冰雪欢乐广场等适合儿童游玩的项目，其中最有特色是13条娱雪滑道，包括直线型冰滑道6条、曲线型雪滑道3条、波浪型雪滑道2条、S型雪滑道1条、悠波球道1条。它是国内娱雪滑道最多、滑雪体验最丰富和最多样的室内冰雪世界，儿童在这里可以通过乘坐雪圈、雪车等嬉雪设备体验不同滑道带来的欢快之旅。

欢乐水寨建筑面积达8万m²，由全球顶级游乐设计团队Forrec设计，从一个深坑改造而来，利用坑壁落差，搭建水上设备，从视觉冲击上增加了游客的体验感。欢乐水寨融合东南亚海洋文明与丛林图腾、赤道探秘等神秘文化，其高耸的水寨村落、惊险的悬崖峭壁、多彩的亚洲文明景观，让游客在享受清凉的同时体验高质量的热带岛国丛林风光，也为儿童提供奇趣的景观体验。结合丰富的园区演艺，让儿童在游玩的同时更能体验神秘的东南亚文化。欢乐水寨园区的玩乐项目多样，包含了现在国内水乐园能体验到的所有项目。其中，有特别为亲子家庭设计的合家欢乐区域，包含水上幼儿园、水上攀岩、精灵小喇叭、天使组合滑道、宝贝水城、魔幻水寨等十几个凉爽嬉水的项目，非常适合儿童游玩体验。

从服务友好看，一是坚持儿童优先。针对所有来到园区的儿童，工作人员都采取"蹲式"服务，"听见儿童友好的声音""从一米的高度看城市"，给予所有孩子一个温暖友爱的游玩服务。二是坚持安全同行。在园区检票区域，对儿童家庭做高频次的安全提示，加强儿童游玩安全风险提示。园区特别设置"迷童中心"，针对园区与家长走失的儿童，有特别的迷童找寻服务。对于独自出园的儿童，工作人员也将做详尽的询问，要求儿童监护人确保儿童安全游玩。三是坚持温馨服务。在欢乐水寨贴心设置亲子更衣室，满足亲子家庭的需求。除了贴心的服务，园区内还设有医务室、母婴室，并在园内每隔8~10m处设置安全员值班点，为儿童游玩安全提供保障。在餐饮方面，园区餐厅有适合儿童的套餐或其他食品，对于低龄幼儿则提供儿童座椅。

从政策友好看，一是传承冬奥精神。在推进儿童冰雪运动方面，由全国青少年高山滑雪锦标赛冠军高永清带领教练队，组建了欢乐雪域滑雪学校。同时，滑雪学校在筹建长沙市中小学生滑雪培训基地及滑雪俱乐部，定期举行特色冬夏令营活动，带领青少年体验滑雪乐趣，学习冬奥文化知识，拓展青少年的视野及运动能力。未来滑雪学校将会与长沙市冰雪运动协会合作，共同举办适合全民参与的活动赛事，响应习近平总书记的号召，大力宣传推广冰雪运动，助力3亿人上冰雪；二是提供优惠政策。在暑期，欢乐水寨针对儿童提出了特别的免票优惠政策：1名购票成人可携带一名1.5m以下的儿童免费入园。本政策配合推出的夜场票有优惠活动，让前来游玩的亲子家庭既可避开炎炎烈日，又可以体验到优惠的价格，因此反响良好。

从互动友好看，除了在两大园区能够体验到优质的游乐设施，园区还安排了精彩的演艺内容，针对儿童的演艺互动也是精彩纷呈。在欢乐雪域售票大厅，安排了充满童趣的"雪族精灵"现场互动，给小朋友派发礼品。欢乐雪域内有萌宠造型"雪域宝贝"卡通人偶与儿童互动，有"冰雪女王"零距离互动，爱斯基摩风情舞蹈带领孩子们跳起欢快的舞步，特技小丑们逗趣互动，整个演艺内容给孩子们营造欢乐奇趣的体验。在欢乐水寨，可爱的卡通人偶开园舞，带领排队等待的亲子家庭一起随着音乐跳起欢乐的舞步。园区内童趣十足的梦幻泡泡秀和高跷小丑互动是孩子们最爱的环节，不但可以体验泡泡的神奇魔力，还有精美的小礼品派发给小朋友，让幼龄儿童也能玩得开心。

（2）长沙十二时辰

在长沙市潮宗街历史文化街区福庆街88号，两栋始建于1949年的历史老宅，通过"微改造"，摇身一变成为一座"网红"书屋——长沙十二时辰。书店所在地原本是两栋由长房集团管理的直管公房，已超过房屋使用年限。在潮宗街历史文化街区建设中，长房集团综合运用"留、改、拆、补"的方法，在保留房屋原有格局前提下，消除老房安全隐患，将原来的砖木结构改为砖混结构，再进行产业导入，打造一座24小时精选阅读空间。

高大简洁的落地窗、圆形下沉的"对谈剧场"、绿意盎然的天井花园、松软舒适的大沙发和长书桌……"长沙十二时辰"建筑面积680m^2，围绕湖湘文化和城市阅居的分时场景，在上下共3层的复合空间内，布置了观念对谈、精品咖啡、买手文创、艺术策展、创意沙龙、效率自习等12个场景，打造出湖南当代先锋文化的策源地、新锐思潮的发声场、城市青年的阅读社区、书香长沙的新文化地标（图8-5~图8-7）。

在建设"儿童友好型城市"的背景下，书店未来将结合"儿童"主题，打造儿童

图8-5 "长沙十二时辰"书店外景

图8-6 "长沙十二时辰"书店下沉式空间设计

图8-7 "长沙十二时辰"书店陈列展示

与历史对话、湖湘文化精神传承，以及培育祖国下一代的沙龙据点。不断邀约儿童领域、文化领域、城市规划领域等方面的作家、学者、策展人、创意人，创新品牌并加入书店主理人矩阵，为"儿童友好型城市建设"提供更丰富的提案，为湖湘文化创新与传承提供更多元的给养。

在推进"精美长沙"建设的时代命题下，通过打造"长沙十二时辰"，为城市提供美好生活新场景。以24小时的阅读漫游焕新长沙潮宗古街，以儿童友好的视角丰富长沙城市建设。让我们大家在"长沙十二时辰"书店里获得更大的创新灵感吧！

8.3.3 民间团体——"母与女"志愿者团队

2016年3月组建的女规划师"母与女"团队，最初是长沙市规划设计院女规划师不定期带队陪着孩子在城乡间开展亲子游玩。2018年院里女规划师协助长沙市自然资源和规划局举办全国女规划师年会，同年5月参与长沙儿童友好型城市公共空间设计与改造大赛，并正式成立长沙市规划院儿童友好促进中心研究团队。随后，团队开始关注长沙儿童友好型城市建设，逐步吸纳长沙、武汉、宁波、北京、广州等地的女规划师们，以儿童友好为纽带，一起分享好的设计理念。目前，"母与女"志愿者队伍不断扩大，人数达180余人。2021年，长沙市规划设计院儿童友好促进中心暨女规划师"母与女"团队还荣获"长沙市儿童友好服务十大创新品牌"，并为长沙市规划设计院赢得首个设计行业的"儿童友好型企业"荣誉称号。

（1）主要做法

传理念：普及、推广、践行儿童友好理念，为城乡儿童代言、谋福祉。让儿童友好理念更加深入人心，全面普及儿童友好建设；研究梳理儿童友好全产业链，为政府、企业、社区、学校等构建儿童友好参与的大平台；团队成员研究关注发展中国家的孩子，了解其生活学习情况，推广社团儿童友好理念。

促参与：探索儿童公众参与方法，致力畅通儿童发声渠道、切实提高儿童公众参与效率。城市规划的公众参与环节一直是痛点，儿童这一特殊性群体的公众参与更是如此。团队倡导从城市规划与儿童心理角度探索儿童公众参与，寻求一种以儿童权益为中心的规划路径；致力城市规划知识的儿童化转译与授课，打造小小规划师培训平台，为儿童参与城市规划提供专业支撑。

强技术：团队致力城乡儿童友好理论研究、儿童友好公共空间设计与改造。以长沙市儿童友好城乡建设为契机，以实际项目为载体，围绕城乡儿童友好理论研究、儿童友好公共空间设计与改造、儿童友好规划咨询与评价等方面进行学术探讨与规划研究，切实响应并推进长沙城乡儿童友好规划建设。

（2）基本成效

增认可：情景游戏式的儿童公众参与方式得到业内认可。一是2018年长沙市规划设计院5+2亲子团队参与长沙市儿童友好型城市公共空间设计与改造大赛，并首次提出与尝试还原场景式的儿童公众参与途径，特别是其《桂花树下的小王国》还获得大赛一等奖；二是2019年撰写的《基于"情景游戏式"的儿童公众参与方法论》一文在中国城市规划年会"美好人居，设计塑造"专题会议上宣读；三是结合项目有针对性地安排儿童参与公众活动、评定沟通效果、摸索并完善沟通途径等，将孩子们的想法在规划设计中予以反馈，其试行效果良好。

见成效：用儿童友好回答乡村振兴已经初见成效。2020年撰写的《城乡互动背景下的"农村包围城市"儿童友好策略——以长沙市宁乡乡镇为例》一文在《北京规划建设》上发表。在长沙市望城区白箬铺镇村国土空间规划中落实儿童友好理念，助力长沙市望城区白箬铺镇打造全国"儿童友好先行先试镇"，创新性提出从"搭建儿童友好全产业链、镇村规划落实儿童友好、探索儿童友好参与机制、缔造乡村儿童友好学校、重视引导儿童职业教育"五个方面提供规划技术服务，助力实现长沙市望城区白箬铺乡村振兴与儿童友好。

优平台：初步搭建起儿童友好专业分享及线下活动平台。长沙女规划师和来自全国各地的女规划师们在"母与女"志愿者团队中建立联系，不定期组织线上讨论和线下交流活动，成员多是城市规划和建筑、园林景观等领域的女规划师等，大家倡导将"儿童友好"纳入到每个项目中。

获喜爱：儿童城市系列读本及网课视频颇受孩子们喜爱。团队主要成员主编的《"我的长沙我的家"儿童城市系列读本》及网课已经正式发布，陆续在官方"长沙儿童友好成长树"上发行，也已在长沙规划展示馆、学校、村镇等推广，深受孩子们喜爱。

（3）推广普及

自媒体推广：成立儿童友好促进中心和女规划"母与女"团队两个公众号，不定期发表原创微文，分享儿童友好相关内容，并与"长沙儿童友好成长树"官微互推。

不定期活动：结合项目、节日，不定期策划组织儿童参与的活动，比如城市友好街区讲座与"我是小小规划师"儿童友好家庭竞赛、美丽乡村规划讲座与"我心中有个美丽乡村设计大赛"、白箬铺儿童友好先行先试镇logo设计讲座与"logo设计大赛"、疫情过后儿童友好住区绿化意见征集与小区内"寻找春天"主题活动等。

经验交流：2019年在中国城市规划年会"美好人居，设计塑造"专题会议上代表长沙市规划设计院宣讲儿童友好经验。2020年社团提供规划服务的白箬铺镇儿童友好先行先试镇，作为儿童友好优秀案例在全省注册规划师培训会上获专家肯定与推广。2021年，受中国儿童中心以及威海市和成都市等的邀请，与大家一同分享了儿童友好建设经验。

8.3.4 专家团队——沈瑶团队

（1）人物简介

沈瑶，女，汉族，1981年生，毕业于日本国立千叶大学，现就职于湖南大学建筑学院，担任院长助理、城乡规划系副主任，博士生导师、副教授，儿童友好城市研究室负责人，湖南省妇联智库专家，中国建筑学会地下空间学会理事，湖南省国土空间规划学会学术委员会委员。

2011年博士毕业后，作为国内最早的一批在规划领域研究儿童友好型城市的研究者，沈瑶坚持理论联系实际，长期扎根社区，并致力于中国特色儿童友好型城市及社区营造实践。

2015年，沈瑶成立了国内首个"儿童友好城市研究室"，带领团队陆续以长沙市丰泉古井社区、八字墙社区、万科魅力之城等为基地进行研究。2019年，牵头成立湖南省社科联等联合授牌的省内首个以儿童友好社区为主题的"校社共建"型省社科科普基地。

此外，沈瑶还积极面向市民、政府及企业开展科普教育及公益活动。2015年10月1日，沈瑶团队创立微信公众号"儿童友好城市研究室"，介绍国内外儿童友好型城市及社区发展动态、优秀案例和相关活动信息。2017年6月，沈瑶主持儿童友好社区中港联合设计工作营，并发起了"中国儿童友好社区指南国际研讨会暨长沙市儿童友好城市（社区）学术交流会"。2017年12月，主持"城市、儿童、健康、未来，岳麓论坛暨规划公开课"，共同研讨儿童友好城市/社区的建设。2017—2019年，沈瑶给深圳、上海、安徽、广东、海南、河北等地干部开展20余场儿童友好型城市相关培训，并承担了多项政府及企业的咨询报告和理念普及工作。

沈瑶还与国内外有关专家、学者积极交流合作，组织儿童友好型城市讲座及国际会议。2021年5月，沈瑶主持召开了"亚洲儿童友好城市圆桌论坛"，并多次受邀赴海外介绍在儿童友好型城市及社区领域的创新实践活动。2018年2月受邀在日本早稻田大学发表"中国的儿童友好社区营造路径探索"的演讲。2018年9月，受邀在维也纳召开的"第九届儿童友好城市国际会议"中发表"中国儿童友好社区创建路径"之学术演讲。2019年5月，受邀作为日本儿童环境学会年会的首席国外演讲嘉宾在大会开幕式上作"中国儿童友好城市及社区的发展动向"之主旨演讲。

（2）理论观点

通过解读国际上的儿童友好城市倡议和其背后的理论支撑，结合中国国情，及儿童友好相关的发展心理学、空间规划设计等知识，沈瑶团队在研究与实践中为"如何走向儿童友好社区，实现儿童友好型城市"总结出以下3个关键词。

第一个关键词是"游戏"：

游戏是儿童发展的本能。古希腊哲学家柏拉图曾说过，"3~6岁的儿童，就其本能，游戏是必需的，而不是法律、习惯、制度。"后来西方儿童心理学的诞生，逐步发展出了以游戏为基础的心理干预方法和评价体系，用来预防、治疗儿童的一些心理的疾病。游戏是快乐的活动，实现情绪的满足，对儿童的身体和精神都非常有益。

游戏的核心有3点：游戏时间、游戏空间和游戏伙伴。这三点是做儿童友好空间设计的时候必须时刻考虑的。我们的城市需要"安全性、连续性、共生性"的儿童游戏空间体系。"安全性"即交通安全、社会安全，为儿童提供健康的生活环境，为家长提供放心的育儿环境。"连续性"即全年龄段连续、空间连续，为儿童提供可以自由活动的街巷和节点空间。"共生性"包括自然共生和社会共生（邻里共生），增加儿童与自然、与他人的接触机会，培育儿童的社会性和对他人的尊重。这样的游戏空间体系是社区层级要优先建构的。

第二个关键词是"社区"：

儿童成长需要家庭、学校、社会三位一体的环境。而社区综合了这三类环境，它对儿童发展至关重要。早年非洲有句谚语："培养一个孩子需要一个村庄"。反过来看，社区营造其实也非常需要儿童，尤其在现代高层化、密集化的社区。美国城市规划学家罗宾莫尔提出："养育一个社区需要一个孩子"。社区与儿童高度关联，社区共同体的形成，需要儿童做衔接和纽带。让儿童参与部分社区公共空间的生产，在社区原住民、外来定住者和临时租住者之间以儿童为纽带建立连接，这样才能带动居民持续的参与和社区不断的融合。

2016年1月，在丰泉古井社区书房筹备阶段，湖南大学儿童友好城市研究室与丰泉古井社区、长沙市共享家社会组织相遇，初次提出将"儿童友好型城市理念"与社区营造相结合，打造儿童友好社区。通过在社区开展讲座、举办社区高校工作营等进行儿童友好理念的普及，并借由社会媒体的力量持续扩大影响力。此外，通过持续4年多的儿童参与社区设计活动为儿童赋能，例如儿童友好课堂进社区、绘画展示、墙绘活动、街巷游戏节活动等。总之，提高儿童对社区公共事务和空间的关注度，为社区培养"小小规划师"。

第三个关键词是"儿童参与"：

儿童参与权是《儿童权利公约》中规定的基本权利之一。1996年联合国第二届人居环境会议正式提出"儿童友好城市"概念，即致力于实现《儿童权利公约》规定的儿童权利的城市体系，其核心是儿童参与。沈瑶团队重点围绕"儿童友好城市"主题，完成了岳阳市2049远景规划和长沙市2049远景规划的儿童专项调研，以及《长沙市儿童友好型城市建设白皮书》中有关长沙市儿童友好城市现状评估，并深入倾听儿童对城市建设的声音。儿童友好社区空间设计主要有以下3种方式：第一种是设计师想象中适合儿童的空间，其设计并不询问儿童的意见；第二种是跟儿童一起设计空间，让儿童把自己的方案跟家长、小朋友一起讨论，设计师会结合儿童的意见去进一步优化；第三种是以儿童为主体来做设计，主要体现在儿童游戏空间领域，成人主要承担组织者和后期工程设计者的角色。根据我国的国情，沈瑶团队主要采用第二种方式，即以长沙为基地，持续地在社区中开辟一些公共活动空间，并与儿童一起设计施工。自2016年开始，沈瑶团队在长沙市不同类型的社区持续开展儿童参与行动研究，开展亲子家庭、社区流动儿童互动活动。凭借在儿童友好社区公共空间领域的深耕，2019年沈瑶团队牵头成功获评"校社共建"湖南省社科科普基地，2021年沈瑶团队成功获得中国建筑学会科普专项资金支持。

8.3.5 志愿义工

李晓明

（1）人物简介

李晓明，男，汉族，1968年10月出生，中共党员，长沙市自然资源和规划局建设项目审查四处处长。自20世纪90年代起，他利用休息时间走访湖南怀化、安化、新化等贫困山区的学校和家庭，在学生、老师和爱心人士之间搭建桥梁，先后在希望工程、微益中国帮助学生近千名。期间他还向湖南省青少年基金会提出创建"微益中国"网站的建议，让更多的孩子通过网络得到救助。2005年起，李晓明深入福利院，作为长沙市爱心爸妈群理事积极组织爱心力量，从遗弃宝宝的临终关怀到残疾儿童的照顾陪护，先后为福利院近300多个孩子拍摄了近10万张成长相片，帮助百余位孩子走进家庭生活。2010年起，他又协助中华儿慈会9958中华儿童紧急救助中心开展湖南地区救助活动，先后挽救全身90%面积烧伤湖南洞口单亲妈妈小文、跌入米粉锅重度烫伤杰杰、全国最小心肺移植苗苗等无数生命，并促成中华儿慈会9958儿童紧急救助中心和湘雅医院、湖南省儿童医院、"蝴蝶之家"建立合作关系。他还积极参与大、中、小学生爱心实践及公益讲座，主动探究本职工作与社区功能完善及社会养老事业的深度融合。

李晓明同志先后获得中华儿慈会9958中华儿童紧急救助中心优秀志愿者、长沙好人和长沙市"新时代、新气象、新作为"先进典型。

（2）为什么：初衷与理念

李晓明认为人生的意义在于对人生的了解。虽然国家在法律和政策上给予儿童很多关注和倾斜，但由于地区和家庭经济水平不一，很多贫困地区的家庭孩子生存和教育与富庶地区相距甚大，于是便有了和社会爱心人士一起来弥补这种差异的行动，这也是李晓明早期助学开始的探索。随着助学工作的开展，李晓明也逐渐延伸至对重病贫困儿童就医、弃婴孤儿生存质量的帮助，他在做的同时也在思考着如何利用周边爱心来壮大发展这种力量。

（3）如何做：体验与感受

儿童福利院及其志愿者在儿童友好事业中扮演的是孤残儿童权利的保护者和代言人。对于李晓明同志而言，他还多了一重城市规划建设者的身份，他非常注重这些身份的跨界结合，在平时的生活中也会更加关注儿童福利事业的建设、相关专业医院和特殊学校的诉求等，并将这些都融入自己的工作之中。

李晓明工作之余，还在长沙市第一社会福利院做义工。这个福利院有500多个孩子。李晓明等一群志愿者成立了爱心爸妈群，以便协助福利院在孩子日常生活照顾、教育活动需求、身心健康和社会交往能力培育、募集社会爱心资金及爱心人士以及孩子陪护技能培训等方面提供帮助，并对应设置了教育组、代养组、手工组、活动宣传组等。这个群至今已成立11年，在福利院的指导下，群里建立了理事会，承担群员管理、活动组织及福利院在管理层面的沟通协调。爱心爸妈群会联合热心企业和爱心人士，每年组织大型爱心活动近10次，用作实现孩子们诸如生日愿望、特长培训等的需求。

（4）怎么看：展望与期待

2015年以来，长沙市在围绕儿童基本权利保障、健康幸福成长、九年制义务教育、儿童性教育及保护、四点半公益课堂、残障儿童康复训练、传统文化（如非遗馆）、特色特长（如规划展示馆的小小规划师）、公益培训及活动上做了大量努力。长沙市自然资源和规划局结合自己特色，在儿童友好校区周边交通及公共空间改善、儿童上学安全路、儿童友好社区建设等方面一直不断探索，并在全国城市建设与实践中贡献长沙智慧和长沙方案。

李晓明认为，长沙的儿童福利事业在机制、政策方面也有很多创新，特别是社区在儿童福利事业发展上将成为一个重要阵地和抓手。李晓明建议，在建立儿童友好社区标准、健全管理职能和服务功能上应进一步探索思考。未来长沙市儿童友好型城市建设应继续加强国内外相关城市的案例总结，结合"以人民为中心"的城市建设目标，实现规划理念升华、规划编制落实、规划措施到位的管理与实施体系。李晓明还希望，未来有更多规划师、建筑师来参与建设并全身心融入孩子们之中。他相信，未来能够建立社区规划师机制，将儿童友好、老年友好、和谐社区建设等各项目标从社区规划的源头开始统筹，使得软件和硬件建设相统一，让社区真正成为每一个人认可的家园！

8.3.6 儿童代表——彭诗雅

2019年10月14日～18日，由联合国儿基会主办的"儿童友好型城市"峰会在德国科隆举行。长沙市作为创建"儿童友好型城市"派出代表团参加此次会议。此次会议有来自世界各地36个国家110个城市的代表团参会，与会代表共计500余人，其中青少年代表60名。长沙市长郡双语实验中学1709班的彭诗雅同学便是青少年代表中的一员。

彭诗雅同学参会后感言：在这样一个国际性的会议上，让我有机会和来自世界各地的青少年进行交流，他们有些来自发达国家，有些来自发展中国家，也有来自一些经济落后、政局动荡的第三世界国家，不管他（她）们是什么肤色、什么语言、什么种族、什么宗教信仰，这些代表们都很大方自信，也能客观清晰地反映问题，提出自己的思考，真正地把自己当成所在城市的主人去给心目中的"儿童友好型城市"提出宝贵建议。一些来自已被认证的"儿童友好型城市"的代表，也给我们分享了他（她）们所处城市的舒适感和被尊重、被认同之感，同时，他（她）们也提出了一些发展中存在的问题与不足。彭诗雅同学从短短几天会议中汲取了对于"儿童友好型城市"的理解，让她也重新用观察的眼光去看自己所处的城市。彭诗雅同学这样写道：作为还在创建中的"儿童友好型城市"，长沙固然有很多还要去完善的地方，但是我知道有一群人在做着这件事情，而且我也要将我理解的"儿童友好"的概念传播出去，在适当的时候我也可以参与其中，因为我是这个城市的一分子。虽然今天我是个孩子，但以后我将会是这座城市的主人。我相信在不久的将来，中国能够诞生很多的"儿童友好型城市"，这都要依托于我们这一代人奋发图强的学习，只有强大自己才能造福他人。

2020年5月30日下午，长沙市隆重举行庆祝"六一"儿童节主题活动暨建设长沙"儿童友好型城市"儿童论坛，彭诗雅同学受大会邀请与大家分享了2019年参加"儿童友好型城市"峰会的参会经历，并对"儿童友好型城市"建设提出了自己的建言。她建议建设专属的儿童步道，其中也可以掺杂一些儿童自主设计的元素。儿童步道可以覆盖整座城市与儿童有关的场所。道路可以分为人行道和自行车道，以充分满足儿童骑自行车上路的愿望。同时，在步道各处还可以设置科普小展板或是点状分布的户外游戏场所等，让孩子们在这条步道上可以安全地玩耍与享受。

彭诗雅同学认为，比起各种设施的建立，广大儿童们更向往的是自己的想法被聆听、被认同、被重视、被付诸实践。她表示，能代表长沙市所有儿童发声，为城市建言，这才是城市真正对儿童的友好。

彭诗雅同学还向全体儿童呼吁：希望所有的小朋友都能用儿童友好的概念来感知城市，用探索的视角发现城市中每一处或大或小的"儿童友好"，怀抱着感恩的心去体会每一丝细小的温暖，再以探寻和思考的态度积极参与到"儿童友好型城市"的建设中去。

8.4 小结

"三岁看大，七岁看老"。这句中国谚语形象地说明：从儿童幼时的心理特点、个性倾向就可以看到儿童长大后的心理与个性形象。我们与孩子们一起，努力开创儿童友好全新时代，播撒下爱、智慧和包容的种子，为他们提供美好人生的开端，也为人类未来的幸福打下坚实基础。正如诗人顾城笔下所描绘的那样，"没有金银、彩绸/但全世界的帝王/也不会比你富有/你运载着一个天国/运载着花和梦的气球/所有纯美的童心/都是你的港口"。我们每个群体、每个人都是促成这美好世界的有力推手。

第9章

城市规划制定与实施

> 城市必须不再像墨迹、油渍那样蔓延，一旦发展，他们要像花儿那样呈星状开放，在金色的光芒间交替着绿叶。
>
> ——帕特里克·格迪斯

儿童友好型城市意味着社会和物质环境能够为儿童带来归属感、受重视感和有价值感，拥有培养独立自主能力的机会。儿童在城市中能够自由独立地活动，这是儿童友好型城市的关键内容。城市规划与发展作为公共政策的重阵之地，应该在规划价值体系中无可厚非地纳入儿童的利益，并最大化地给予优先权。同时，城市作为大众利益最复杂的综合体，它的划分、管理无可避免地包括了儿童群体的广大利益，这也意味着城市发展过程中儿童利益具有优先的价值判断与发展权。好的城市形式能够成为催化剂，以促进儿童利益与地方空间、社会环境的整合。通过合理规划，为儿童创造一个自由、安全、健康活动的城市，这对于儿童的健康成长、城市的永续发展尤为重要。

习近平总书记指出，当代中国少年儿童既是实现第一个百年奋斗目标的经历者、见证者，更是实现第二个百年奋斗目标、建设社会主义现代化强国的生力军。加快创建"儿童友好型城市"，让儿童参与城市的建设与发展，公平地享受城市公共服务与设施，感受城市的幸福与温情，已成为了中国城市未来发展努力的方向。长沙市委市政府高度重视儿童事业的发展，于2015年在全国率先提出创建"儿童友好型城市"，并将儿童友好型城市创建纳入《长沙市2050远景发展战略规划》等各项规划中。坚持"一米的高度"看城市，围绕空间友好、服务友好、政策友好编制全龄空间规划、制定系列规划导则、建立公众参与机制、创建工作联动机制，体现以儿童为起点、提升人民福祉的发展理念，这是推动"三高四新"战略和高质量发展的重要举措。

9.1 编制全龄空间规划：儿童友好理念深入人心

长沙市于2015年率先在全国提出创建"儿童友好型城市"目标，并将"儿童友好型城市"创建纳入战略规划与总体规划两大市级宏观规划中，特别提出要建设儿童友好、青年向往的幸福城市。长沙市将创建"儿童友好型城市"纳入城市发展目标，并以此打造城市新名片，建设更加公平、友善并充满沟通与关怀的幸福城市。长沙市始终坚持以人民为中心的理念，实现城市建设高质量发展，编制了一组全年龄段的空间规划。

9.1.1 中小学校布局规划

为满足中心城区适龄儿童、青少年中小学入学需求，促使中小学布局、建设与社会经济发展、城市发展等相适应，长沙市根据有关法律法规及政策于2013年修订了《长沙市中心城区中小学校布局规划（2003—2020年）》（图9-1）。通过学校布局调整和标准化建设，实现"布局基本合理，建设全面达标，发展相对均衡"的目标，保障所有儿童"有学上、好上学、上好学"的权益。专项规划制定主要坚持以下5项原则：（1）坚持学校选址定点安全原则；（2）坚持学校布局方便上学原则；（3）坚持个体学校规模适度原则；（4）坚持学校总量规划充分原则；（5）坚持生均用地达标的原则。其中专项规划又包含6部分内容：（1）总则；（2）规划指导思想、规划目标及规划原则；（3）规模；（4）中小学校布局规划；（5）规划实施步骤及实施措施；（6）附件。

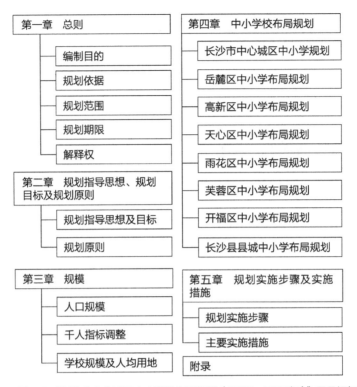

图9-1 《长沙市中心城区中小学校布局规划（2003—2020年）》目录框架

9.1.2 幼儿园专项规划

为保障幼儿教育的需求，完善教育环境，促进长沙市经济和社会事业协调发展，长沙市编制《长沙市幼儿园布局规划（2017—2020年）》（图9-2），保障幼儿园和中小学校用地。通过编制专项规划，达到"布局基本合理，建设全面达标，发展相对均衡"的目标，基本实现幼儿园300m服务半径、小学500m服务半径全覆盖。以公办幼儿园（包含单位幼儿园及市、区、街道、社区幼儿园）及独立占地私立幼儿园为主要规划对象。该专项规划主要遵循5条原则：（1）遵循城乡统筹、教育资源的公平与效率结合原则；（2）遵循科学规划、合理布局、便于管理的原则；（3）遵循就近入园、保障学龄儿童身心发展需要的原则；（4）遵循实事求是、分类规划控制，以满足不同时期的发展需要；（5）遵循"小型化、社区化、平民化"的原则。因地制宜，统筹建设，满足区域人口发展与教育需求。专项规划主要包含6部分内容：（1）总则；（2）配建标准及规模；（3）幼儿园布局规划；（4）幼儿园建设引导控制机制；（5）幼儿园建设实施策略；（6）附件。

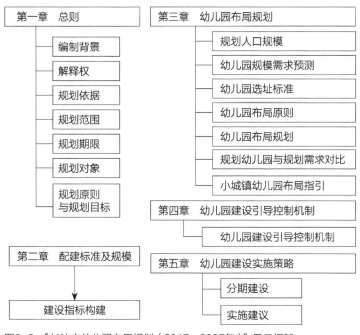

图9-2 《长沙市幼儿园布局规划（2017—2035年）》目录框架

9.1.3 15分钟生活圈规划

党的十九大提出："中国特色社会主义进入新时代，我国社会主要矛盾已经转化为人民日益增长的美好生活需要和不平衡不充分发展之间的矛盾。""人民对美好生活的需要"是城市工作的出发点和落脚点。人民日益增长的美好生活需要囊括民生、经济、社会、文化、生态、公共服务等领域，总体呈现为人民群众的生活水平、生活质量将全面提升。打造长沙市"15分钟生活圈"，是践行十九大"以人民为中心"和"在发展中保障和改善民生"的城市治理理念的地方实践，也是顺应人民对美好生活期待、人民日常生活顺利进行的重要保障，更是优化生活品质、提升幸福感、建设美丽城市的民生工程。

2018年，长沙市制订了"一圈两场三道"建设两年行动计划（2018—2019年）。为加强"一圈两场三道"（15分钟生活圈；停车场、农贸市场；人行道、自行车道、历史文化步道）的建设，按照1～3km²为1个生活圈，在两年时间内打造以街道为基础的400个15分钟步行生活圈，在生活圈范围内又完善幼儿园、小学、社区公园、社区公共服务中心、社区文化活动中心、社区多功能运动站场、社区卫生服务站、公交站点等儿童友好的设施配置，以提升儿童的幸福感、获得感和安全感。目前正结合总体规划完善15分钟、10分钟生活圈的划定。

长沙市"15分钟生活圈"聚焦市民日常的"衣、食、住、行"，以规划导则指导生活圈的规划和建设工作，将设施配置的规划落实到每一个生活圈，关爱儿童、老年人、残疾人等弱势群体，提升市民生活"获得感"，让市民享受更便捷、更优质的服务，享受更舒适、更美好的生活（图9-3）。

01　规划总则
　1.1　指导思想
　1.2　适用范围
　1.3　工作目标
　1.4　三级生活圈
　1.5　三级配置体系
　1.6　三级生活圈设施图示
　1.7　配置说明

02　分类配置
　2.1　更加均衡的教育设施
　2.2　更加便民的政务服务
　2.3　更加丰富的公共文化
　2.4　更加完善的体育场所
　2.5　更加全面的医疗卫生
　2.6　更加周到的福利关爱
　2.7　更加便利的日常生活

03　行动指引
　3.1　"编"计划
　3.2　"落"项目
　3.3　"强"管理

04　附则

图9-3 《长沙市15分钟生活圈规划导则》目录框架

9.2 制定系列规划导则：规划标准指导项目实施

9.2.1 儿童友好型城市建设指引导则

在全球不断变化的背景下，城市政府以联合国政策框架为基础，采用明智和先进的建构原则，城市必定能够为儿童提供更多的发展成长机会。如果城市按照儿童福祉用心发展，那么城市将会给儿童创造一系列具有潜力的连锁优势，而这些是乡村所无法给予的。城市能从更多的方面刺激儿童的发展——比如知觉、认知、社会、环境和情感。因此，长沙市的儿童友好型城市建设势在必行，以此提高儿童的参与度与自我导向。长沙市儿童友好型城市建设将分为近期、中期、远期，分别实现低规划标准、中规划标准、高规划标准。实际上儿童友好型城市并没有一个固定的模式或者内容，用大量的文字来阐述城市永远也满足不了"儿童友好型城市"的需求，因为儿童友好型城市的内容无时无刻不在根据世界形势和城市情况发生变化，对于高收入国家的儿童，重点是环境和空间上的问题：提高其休闲空间和绿化空间的质量，防止街头交通对儿童的危害；在低收入国家，重点则是增加更多的基础设施和完善社会基础服务。总而言之，不论你是富裕的少数还是贫穷的多数，城市对于儿童而言既可以是积极的也可以是消极的环境。理想的情况下，城市、城镇、社区应该是这样一个地方：儿童能够完全社会化，学会观察，了解社会运作方式和功能，有益于社区文化构建，同时他们还应有庇护的场所，接触自然环境的空间，还有充满爱心和耐心、愿意帮助他们的成年人。

那对于长沙市来说，怎么样才能建立一个儿童友好型城市呢？我们认为，长沙市儿童友好型城市规划建设研究的思路框架可以表述如下：

首先，分析儿童友好型城市内涵，明确概念、了解国内外建设现状，通过问卷调查、访谈、实地勘察和咨询相关部门，评价长沙市儿童友好型城市建设现状，并了解长沙市儿童需求现状。其次，按总规层面、片区层面、控规单元、修建性详细规划要求制定建设导则；按总规层面、片区层面、控规单元、小区要求计算长沙市儿童友好性指数，定量评估长沙市总体规划儿童友好性指数，制定儿童友好城市规划导则。最后，从建设主体、管理主体、运作模式和推进方式提出指导建议（图9-4、图9-5）。

长沙市儿童友好型城市规划导则从强化儿童群体的空间权益入手，梳理海内外经典的"儿童友好型城市"理论及规划导则，将其形成的社会背景及条件与长沙市做类比，结合长沙地域文化、社会经济发展自身特点，制定长沙市儿童友好型城市指引标准、建设导则和规划导则，指导长沙"儿童友好型城市"建设，提升现代长沙城市文明和品质。

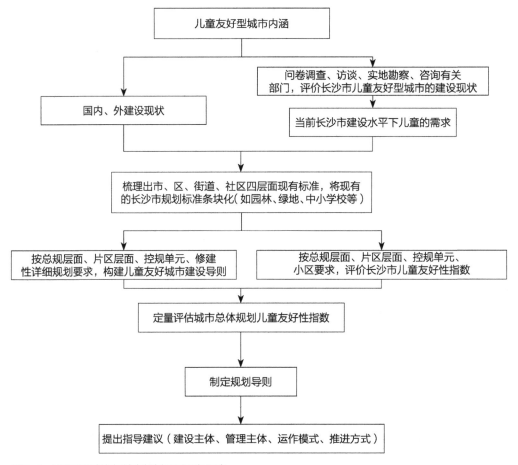

图9-4　长沙市儿童友好城市规划导则研究思路

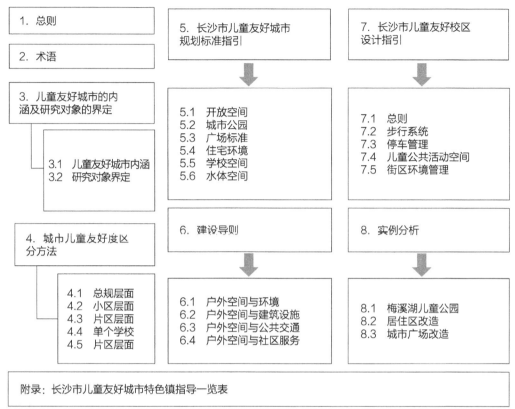

图9-5 《儿童友好城市建设规划导则》主要技术内容框架

9.2.2 儿童友好型街区建设指引导则

儿童友好型街区是指以尊重儿童权利与需求为基础，从安全、可达、有趣和参与等方面为儿童提供满足其健康成长需求的街道空间。范围包含道路红线以内及建筑前区。街区是儿童生活的重要场所。创建儿童友好型街区，尊重儿童权利与需求，从安全、有趣、公平等方面为儿童提供满足其健康成长需求的街道空间。围绕儿童优先的发展原则，遵循安全性、趣味性、参与性基本原则，推动儿童友好理念融入城市发展，推动儿童参与街区规划，普及儿童友好理念，实现儿童在街区健康快乐成长的目标。

　　为规范和指导儿童友好型街区建设，提高街区安全性和公共服务品质，促进儿童参与街区规划，落实儿童友好型街区建设各项工作，实现儿童在街区健康快乐成长目标，编制《长沙市儿童友好型街区建设指引》（图9-6）。该《指引》共8章，主要技术内容包括：1．总则；2．术语和定义；3．一般规定；4．空间营造；5．儿童参与；6．服务提供；7．实施保障；8．附件。

　　本指引适用于长沙市域范围内儿童友好型街区建设，指导城市街道空间、环境、设施，落实儿童友好型相关要求。儿童友好型街道空间包括道路红线以内及建筑前区，涉及儿童出行、游戏、活动、休息等相关空间设施。

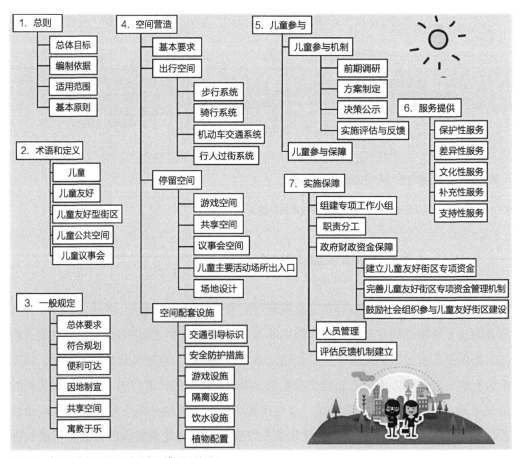

图9-6　《儿童友好型街区建设指引》导则框架

9.2.3 儿童友好型小区建设指引导则

小区作为青少年学习、生活的主要场所，为引导和规范儿童友好型小区建设，营造一个能为儿童提供安全、幸福、可靠的成长环境，贯彻落实市委市政府全面推进儿童友好型小区建设的工作部署，最终实现儿童在小区健康快乐成长的目标，特编制《长沙市儿童友好型小区建设指引》（图9-7）。其主要技术内容包括：1. 总则；2. 术语和定义；3. 小区建设指引；4. 实施管理；5. 附件。

从儿童视角出发，满足儿童健康成长与天性发展的需求，将城市可持续发展和儿童权利整合，坚持"从一米的高度看城市"。完善小区公共空间的硬件设施和软件环境，为孩子提供安全、健康、包容、舒适的普惠型服务，保障儿童权利。围绕实现政策友好、空间友好、服务友好的目标，指导建设具有安全、趣味、活力的儿童友好型小区。本指引适用于新建和已建的各类型住宅小区。城乡规划设计、城市设计和相应的交通改善设计等应在遵守国家现行有关规范标准和基本建设程序的基础上，符合本指引相关要求。

9.2.4 儿童友好型学校建设指引导则

在长沙创建儿童友好型城市的总体框架以及符合中小学校建设满足国家规定的办学标准前提下，坚持以人为本，突出"儿童优先、儿童平等、儿童参与"理念，贯彻"无歧视原则、儿童利益最大化原则、尊重权利与尊严原则、尊重儿童观点原则"，重视"儿童生存权、发展权、受保护权、参与权"。通过深入学校实际调查研究，认真总结实践经验，听取学校师生意愿和各相关部门意见，经组织专家论证，在广泛征求规划、科研、管理等方面专家意见的基础上，编制《长沙市儿童友好型学校建设指引》（图9-8）。全面保障教育供给，优化儿童环境，确保儿童安全，保护儿童身心健康，保障儿童的合法权益，创设儿童友好的校园环境，促进儿童健康、全面发展。主要技术内容有：1. 总则；2. 术语和定义；3. 基本规定；4. 儿童友好型学校设计指引；5. 儿童公众参与；6. 组织实施。

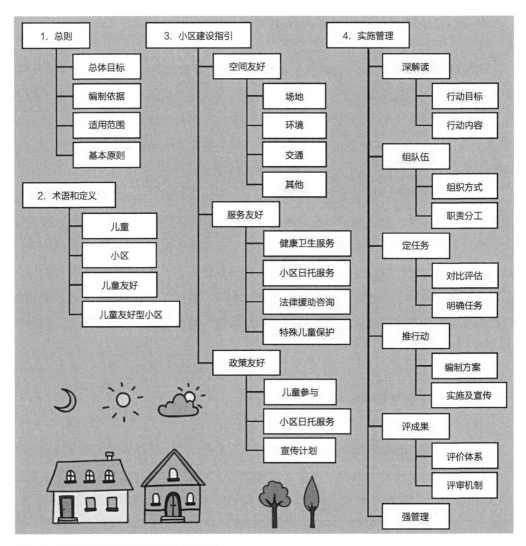

图9-7 《儿童友好型小区建设指引》导则框架

　　本规范适用于城市和乡镇中小学校（含非完全小学）进行儿童友好型学校创建而开展的新建、改扩建项目的规划和工程设计。

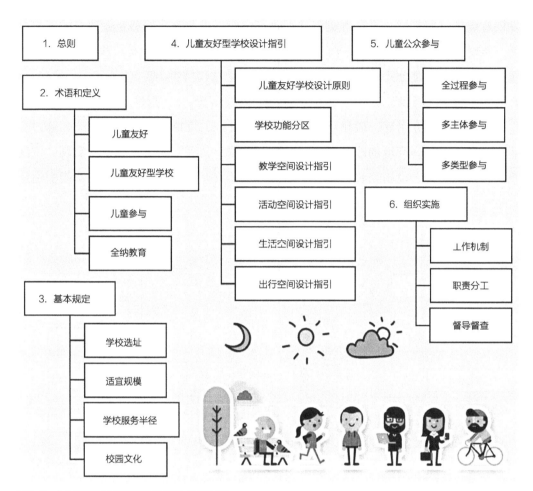

图9-8 《儿童友好型学校建设指引》导则框架

9.2.5 儿童友好型企业建设指引导则

企业是城市经济发展的主动力，创建儿童友好型企业，解决企业员工的家庭、生活问题，尤其是员工子女的看护，将有助于充分调动员工工作的积极性，招揽和留住人才，提升企业的核心竞争力，实现企业的可持续发展。为引导和规范全市企业的可持续发展和建设，提高企业对社会公众，尤其是对儿童的友好度，营造儿童参与企业发展建设的良好氛围，贯彻落实市委市政府全面推进儿童友好型企业建设的工作部署，实现创建安全、有趣、公平的儿童友好型城市目标，特编制《长沙市儿童友好型企业规划建设管理指引和案例汇编》（图9-9）。本《指引》共4章，主要技术内容包括：1. 总则；2. 术语和定义；3. 建设要求；4. 实施保障；5. 附件。

弘扬企业创办宗旨，倡导"开放、包容、友好、可持续发展"的理念，通过企业服务理念、空间环境的改善，以"安全、趣味、公平"为设计原则，实现"空间集约、环境友好、设施完善、资源共享"的儿童友好型企业总体目标。本指引适用

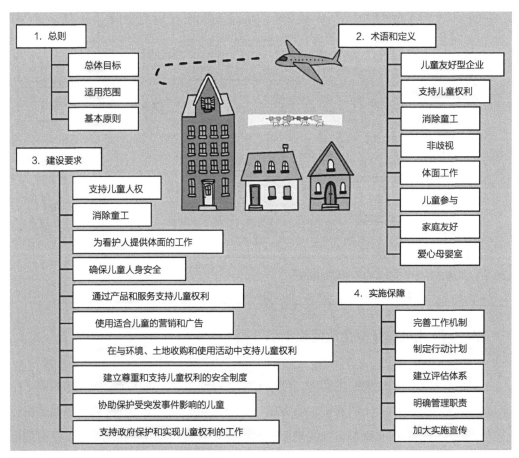

图9-9 《儿童友好型企业建设指引》导则框架

于新建、在建、已建的各类型企业，且规划设计、城市设计和相应的交通改善设计等应在遵守国家现行有关规范标准和基本建设程序的基础上，符合本指引相关要求。

9.3 创新儿童参与形式：小手携大手共创幸福城

一、开展儿童空间微改造设计竞赛。由设计单位和高校参赛团队自主地选择儿童日常使用频繁的空间，如社区空地、公园、学校、绿化带等1万㎡左右的地块进行微改造。该竞赛吸引了来自深圳、广州、武汉等多地优秀设计团队参赛，提出了很多优秀的改造方案。最终由孩子投票决策出了最优方案，这是第一次以孩子的民意做出的规划决策，其中部分优秀方案已由区政府组织实施。

二、组织开展常态化规划建言活动。该活动邀请不同领域专家走进学校宣讲绿色星城、智慧星城、便捷星城等主题，加深儿童对城市规划建设的理解。同时，全面发动中小学生走出校园，以"发现"的眼光发现城市问题。2018年共有3000多名学生参与了该项活动，对未来星城的规划建设提出了400多条建议，并被充分地吸纳至长沙市城市总体规划中。2019年共有40所中小学、约5000多名学生参加，累计提出了1000多条有效建议。该活动已成为常态化的活动，不断吸纳更多学生对未来星城的规划建言。

三、探索儿童参与规划编制新模式。长沙市设计了一款好玩的APP——扎针地图，儿童用它来打点"打针"。学生、老师和家长作为主体，在地图上标记儿童出发点与目的地、上学路线和停留点；设计师则据此设计公交路线、步行巴士路线、慢行交通组织；职能部门则负责修编相应交通规划、制定管理条例、建立安全机制。长沙市通过网络扎针地图、心愿纸条、儿童绘画、学术研讨会等多种方式不断探索适合儿童公众参与的新方法、新手段，引导孩子们通过匹配其年龄特点的方式来表达规划诉求与意见。

　　四、建设儿童友好的志愿者队伍。长沙市创建儿童友好型城市的战略举措，获得了广大市民朋友的大力支持，吸引了大量的志愿者主动参与服务工作，这其中包括高等院校、规划设计单位的专家学者、设计师等。他们通过发挥专业优势和特长，为儿童友好型城市建设出谋划策。同时，还包含有以儿童为核心的各个家庭组织成员，他们为了孩子们的成长与发展，以志愿者的身份陪伴孩子们参与主题活动，并与孩子们共同为城市发展建言献策。此外，长沙市还特别组建了儿童友好志愿者队伍，对参加儿童友好相关活动的志愿者进行培训，以更好地服务参加活动的青少年儿童。例如，利用寒暑假定期组织"小小管理员""小小志愿者""小小讲解员"等志愿社会实践活动，有效激发儿童参与创建的主观能动性。长沙市的志愿者队伍更好地满足了长沙市创建儿童友好型城市的工作需要，在创建儿童友好城市过程中发挥了重要的作用。

结　语

　　"儿童友好型城市"作为一个新理念、新事物，正在被更多国家、更多地区和更多人所接受。从"儿童友好型城市"的概念在联合国儿基会中的提出，到伦敦、慕尼黑等明确地将儿童的发展列入城市的规划发展战略当中；从全球已有超过900个城市和地区获得联合国儿基会"儿童友好型城市"认证，到国内长沙、深圳、武汉、南京等城市先后提出儿童友好型城市建设目标，都能体现出人们对于儿童的福祉越来越重视，对人类如何实现可持续发展越来越重视，对城市如何给予更多人文关怀越来越重视。

　　相较于西方发达国家几乎已经走完城市化进程的全过程，正处于城市化快速发展阶段、历经40多年改革开放的中国，正面对着空前的机遇与挑战。社会结构的全面重构、现代化对人的全面渗透与异化、科技革命对世界的全面改造等，当下中国的城市化正经历拐点之痛。感性的狂热悄然退却，理性的步伐渐已苏醒。数十年城市发展所积累的病灶也在悄然凸显，代际之间的贫困和错综复杂的社会矛盾正在以前所未有的面目出现并持续，空间资源作为各方利益博弈的核心要素，粗放式的分配模式对当前许多矛盾都起到了推波助澜的作用，儿童福祉问题便是其中之一。儿童群体虽然不能像成人那样给城市创造效益，但儿童的发展却是城市、社会、家庭的未来，今天他们在城市中获得的一切将决定明天的城市，儿童友好型城市在本质上是城市给予生命平等的尊重。

　　本书基于全球"儿童友好型城市"建设的实践，重点阐述长沙市"敢为人先"的地方性做法，探索"儿童友好型城市"在中国传播的更多可能性范式。然而，"儿童友好型城市"这样一个乌托邦式的理想不可能建构一个标准化的技术框架，但它却可以在相同的目标指引下寻找到每个城市结合自身特点的最优路径。千城有千面，我们可以结合每一个城市的自身特点，打造多个儿童认知、展示、探寻与教育的场景，让有形的物质文化和无形的非物质文化在不经意间传承给祖国的下一代，让历史投射进现代，让儿童主动与城市对话，让过去与未来发生连接。但我们的理念却是相同的，我们希望通过"儿童友好型城市"的创建，不但使每一个儿童都有一个良好的人生开端，都有一个精彩的人生；而且还可以使每一个国家因为投资儿童，都能有一个更加美好的明天。

面向未来，"儿童友好型城市"的建设还有很长的路要走。理念的提出是一次思想的革命，具体的操作却是一件烦琐的工作，更是一项细致、复杂的系统工程，它既需要人类发展、空间规划、心理认知、社会治理、环境变迁等相关专业知识和多学科的介入，也更需要从政策、制度、管理和组织层面全方位协调与推进。如何由点及面形成系统化的"儿童友好型城市"建设框架和空间设计原则；如何打破行政障碍，建立跨部门合作的"儿童友好型城市"管理制度和组织结构；如何打破恶性循环的问题链，建构一个适合儿童健康成长的城市环境；如何形成"儿童友好"的可持续城市发展模式，改善城市空间利益分配机制；如何传承城市历史文脉，激发儿童对所生活家园的深层热爱，树立认同感、责任感和使命感；如何以"儿童友好"作为切入点，建立包括老人友好、妇女友好、残疾人友好等在内的全民友好城市建设体系，促进全员全空间范围内的社会公平、公正，增进社会和谐；如何用"儿童友好"回答中国的"乡村振兴"战略，建立由城入乡、城乡结合的"儿童友好型乡村"等。展望未来，还有许多问题值得重点关注与深入研究。

创建"儿童友好型城市"不是某一个个体、某一个机构、某一个城市政府的职责，它需要全社会、全领域、全方位的支持与协作，共同促成这一关系人类后代发展、关系每一个人生活家园的美好事业。这条探索之路一直都在路上，我们期待您的加入！

附录：长沙市儿童友好型城市创建大事记

**2019年
3月12日**

1. 共种"儿童友好·成长树"，让儿童与城市共成长

联合国儿童基金会驻华办事处儿童保护处处长彭文儒率队来长沙考察，并与副市长廖建华及学生代表在八方公园共同种下"儿童友好·成长树"。这种下的不仅是树苗，更是儿童的梦想、城市的希望。同时，儿童与城市共同成长的线上线下互动平台——"长沙儿童友好成长树"微信公众号正式启用。

**2019年
3月26日**

2. 长沙市首个试点社区少工委挂牌成立

长沙市首个试点社区少工委——红旗路社区少工委在雨花区黎托街道红旗路社区万科魅力之城正式挂牌成立，开启学校、家庭、政府和社会整合的步伐。社区少工委将积极推动阵地和组织建设，探索社区少先队工作新路径，做少年儿童的引路人，并成为少先队事业的有力推动者。

**2019年
5月9日**

3. 出台创建"儿童友好型城市"三年行动计划

长沙市自然资源和规划局、长沙市教育局、长沙市妇联联合出台《长沙市创建"儿童友好型城市"三年行动计划（2018—2020年）》。围绕政策友好、空间友好、服务友好三个方面，推出十大行动、42项任务，全面推动长沙"儿童友好型城市"建设。

**2019年
5月30日**

4. 长沙市儿童福利院正式开工

在湖南省委常委、长沙市委书记胡衡华的见证下，长沙市儿童福利院项目正式开工建设。项目选址长沙市雨花区石马村，规划用地面积6.54万m²，设计床位1000张，未来长沙市儿童福利院不仅承担住院孤弃儿童养护、教育、康

复、治疗、安置、技能培训等功能，还将为残疾儿童及家庭、福利机构提供康复训练和培训等服务。

5. 第六届环保四联漫画大赛隆重落幕

由联合国教科文组织指导的第六届环保四联漫画大赛（长沙赛区）颁奖典礼在德思勤亚洲电视中心举行。长沙市共有超过500所学校的近10万名少年儿童参赛。本次大赛旨在通过创作漫画作品，激发少年儿童的主人翁意识和环保意识，表达对美好城市生活的憧憬。

6. 益跑中国（长沙）助力长沙"儿童友好型城市"建设

长沙市自然资源和规划局、长沙市妇联携手湖南广播电视台芒果TV基金共同推出"儿童友好·安全童行——2019益跑中国（长沙）""儿童友好型城市"创建公益活动。本次活动旨在用脚步陪伴孩子们的成长，用心灵倾听孩子们的需求，用行动呵护孩子们的未来。

7. 编制儿童友好型学校、企业、街区及小区设计导则

学校导则主要从选址、布局、规模、绿地建设、服务半径及周边路网等方面提出规划要求，并提出具体的建设指导和设计细则；企业导则主要提炼儿童友好型企业需具备的基本要素，梳理出具体建设内容和标准；社区导则主要从室内外公共空间和设施规划、医疗卫生等服务设施建设、儿童参与等提出具体建设指导；街区导则主要从上学通道、公共空间等方面梳理儿童各项需求，并提出原则性指标。

8. 第二届"发现星城·未来建设者对话未来星城"青少年实践活动启动

2019年"发现星城"青少年实践活动围绕帮助青少年了解儿童友好城市、倾听青少年的心声、展现青少年昂扬向上的形象等三大目标，分为"学、践、议、讲"四大环节。由长沙市自然资源和规划局派出城市自然资源和规划专业人

士，联合中小学一线教育工作者研发制作的共建"儿童友好型城市"主题讲座，走进40所中小学校。随后，4000余名青少年代表通过主题实践、班会探究等方式，在深度了解城市运行的基础上，提出了他们对长沙建设"儿童友好型城市"的具体期待和建议。

9. 组织"儿童友好型城市"创建赋能培训及儿童督导员培训

长沙市妇联组织"儿童友好型城市"创建赋能培训，邀请了长沙市规划勘测设计研究院和长沙市规划设计院的专家分别就《长沙市"儿童友好型城市"创建的探索与实践》《城市规划与妇幼权益保障的探索与思考》等进行分享交流。

长沙市民政局举办了首届儿童督导员培训班，特邀湖南省儿童福利工作相关负责人、儿童领域专家、资深社工、一线儿童督导员等解读儿童法规政策，传授工作方法。此次儿童督导员培训班共有220名儿童督导员学员参加培训。

10. 举办"点亮儿童未来"2019年世界儿童日主题活动

长沙市政府、长沙市发改委、长沙市教育局、长沙市自然资源和规划局、长沙市妇联及联合国儿基会代表参观长沙保利中航城、泰禹小学、圭塘河生态公园儿童友好建设成果。在长沙市规划展示馆举行2019长沙儿童友好成果联合发布会，主要内容有儿童友好宣传片、儿童友好之歌、"我的长沙我的家"儿童城市系列读本以及《营建中的城市》译本等。举行"孩子眼中的城市"摄影展暨颁奖仪式，以及"点亮儿童未来"世界儿童日长沙站亮灯仪式。

11. 长沙市2个社区入选中国儿童友好社区首批试点名单

根据《儿童友好社区建设规范》，在2019年中国儿童友好社区建设首批试点预审通过名单的基础上，结合专业评审和网络巡展，经综合评议确定首批"中国儿童友好社区建设试点"名单。根据申报单位提交的资料和信息反馈情况，兼顾各单位社区建设的现实差异及未来发展空间，筛选出89个中国儿童友好社区首批试点，其中长沙市芙蓉区丰泉古井社区、长沙市雨花区万科魅力之城社区入选。

左侧时间轴：

2019年10月23～29日

2019年11月20日

2019年11月

2019年
11月25日

12. 长沙市妇联开展纪念"国际消除针对妇女暴力日"暨"守护星光·闪耀未来"儿童保护大型公益观剧活动

长沙市妇联纪念"国际消除针对妇女暴力日"暨"守护星光·闪耀未来"儿童保护大型公益观剧活动举行，演出国内首部儿童反侵害教育音乐剧——《守护星光》。儿童保护专家现场讲授并交流儿童防侵害知识，澄清儿童防侵害的常见误区，普及儿童保护的科学方法。

2019年
12月20日

13. 长沙市关工委编印《创建"儿童友好型城市"关心下一代工作创新案例》

长沙市关工委聚焦儿童的受保护权和发展权，致力于打造关心下一代工作特色项目，通过特色项目关爱留守儿童、病残儿童、贫困儿童等困境儿童群体，一大批儿童得到实惠。编印《创建"儿童友好型城市"关心下一代工作创新案例》以助力创建儿童友好型城市，努力开创长沙市关心下一代工作的新局面。

2020年
6月1日

14. "六一"儿童节，长沙市倡议"儿童友好·美丽城乡"

"儿童友好、美丽城乡"。2020年6月1日，长沙市倡议共同创建儿童友好社区，重视与尊重社区每位儿童的各项权益，完善社区的公共空间硬件设施和软件环境，为所有孩子提供安全、健康、包容、舒适的儿童普惠型服务，为儿童参与议事提供机会。

2020年
6月5日

15. 长沙市岳麓区政协召开"创建儿童友好型城区"界别协商会

长沙市岳麓区政协组织召开"创建儿童友好型城区"界别协商会，特邀长沙市自然资源和规划局分享长沙市儿童友好实践经验，与会人员进行多方深入交流，协商重要举措。协商会上，长沙市岳麓区相关区直部门负责人、岳麓区政协委员，从不同角度围绕"推进岳麓区创建儿童友好型城区"积极建言献策，大家共同助力长沙市的儿童友好型城市建设。

2020年8月17～18日

16. 中国儿童中心一行来长沙市考察参观儿童友好城乡建设

中国儿童中心来长沙市考察参观儿童友好城乡建设，希望与长沙市在学术研究、项目实践、理念传播等层面合作，并共同探讨未来"儿童友好型城市"建设之路，提炼与总结符合中国特色的儿童友好理论模型，打造儿童友好项目和"儿童友好型城市"，带动和帮助更多城市推广儿童友好理念，合力推进中国"儿童友好型城市"认证工作。

2020年9月16日

17. 习近平在湖南调研考察，关注乡村儿童友好

2020年9月16日下午，正在湖南考察调研的习近平总书记来到湖南省郴州市汝城县文明瑶族乡第一片小学调研考察。他勉励孩子们，革命事业要一代一代传下去，中华民族伟大复兴将在今天的青少年一代手中实现。习近平总书记把同学们比作"小树苗"，期许将来会长成中华民族的参天大树，并希望同学们好好学习、天天向上，努力成长为社会主义建设者和接班人。

2020年10月28日

18.《消除对儿童的暴力工作手册》发布会暨圆桌论坛在北京市圆满召开

由联合国儿童基金会支持，北京师范大学中国公益研究院主办的"《消除对儿童的暴力工作手册》发布会暨首届儿童友好伙伴论坛"在北京市召开，长沙市自然资源和规划局受邀参加本次会议并向大会作主旨发言，就长沙市在探索友好城市建设当中针对消除对儿童的暴力的各种努力进行了经验分享。

2020年11月2日

19. 长沙市成立"儿童友好型城市"创建工作领导小组

为进一步完善长沙市委、市政府领导下的多部门多主体联动机制，实现"行政+社区、学校、企事业、公益组织、媒体"等的儿童友好城市治理体系，长沙市成立了"儿童友好型城市"创建工作领导小组。未来，"儿童友好型城市"创建工作领导小组将健全常态化工作推进机制，统筹协调创建工作，形成政府主导、社会参与、全民行动的工作体系。

20. 世界儿童日长沙市全城点亮"儿童友好之光"

2020年11月20日晚，长沙市在滨江文化园举行庆祝世界儿童日点亮活动。随着滨江文化园景观塔蓝色灯光亮起，国金中心、湘江财富金融中心、马栏山创智园、雨花区彩虹桥等多座地标建筑及全市6000多辆出租车，同步点亮象征儿童友好的灯光。儿童友好的公益之光在蓝色的海洋中闪耀星城。

2020年11月20日

21. 首届中国儿童友好行动研讨会长沙经验

由中国儿童中心、中国城市规划协会女规划师委员会共同举办的首届中国儿童友好行动研讨会在北京举行。长沙市作为中国第一个儿童友好巡礼城市，现场分享了其城市建设和儿童友好型城市创建经验。

2020年11月20日

22. 世界儿童日长沙儿童友好专列首发仪式

为庆祝世界儿童日，长沙市在地铁2号线五一广场地铁站厅举行儿童友好专列首发仪式。专列共有6节车厢，分为倡导、践行、愿景、印象、绽放、微笑等六大主题，用视觉表达传递情感输出，以扁平化的设计风格为乘客营造温馨、梦幻、童真的出行氛围，向社会传递尊重儿童、关爱儿童、儿童优先的声音，倡扬儿童友好理念，让长沙这座城市更有温度、更有温情、更有温暖。

2020年11月20日

23. 长沙市受邀参加中国——丹麦儿童友好型社区论坛

为进一步推进儿童友好型社区的发展，丹麦科技创业中心（上海）联手联合国儿童基金会和中国欧盟研究与创新中心在丹麦驻华大使馆举办了"中丹儿童友好型社区论坛"。论坛聚焦城市各领域的建设与发展，以及对儿童身心健康的影响，尤其关注边缘儿童。为响应联合国儿童基金会的倡议，唤起全社会对弱势群体的关爱和关注，我们从实际出发打造更为公平的社会环境。在该论坛上，丹麦的比隆市、中国的长沙市和深圳市围绕如何建设"儿童友好型城市"这个话题分享了各自的经验。

2020年12月9日

24."我和春天有个约会"儿童友好"成长林"系列活动

为响应2021年全国两会"碳达峰·碳中和"的发展目标,践行湖南省"三高四新"发展战略,探索"生态优先、绿色发展"背景下的城市高质量发展,雨花区人民政府、望城区人民政府、长沙国家高新区管理委员会、长沙市自然资源和规划局、岳麓区风景名胜管理局、跳马镇人民政府、白箬铺镇人民政府、长沙市规划勘测设计研究院、长沙规划展示馆、长沙市规划信息服务中心、湖南日报小记者组委会等单位在长沙市"儿童友好型城市"创建工作领导小组办公室的指导下,联袂为广大人民群众策划了形式各样、丰富多彩的"我和春天有个约会"儿童友好"成长林"系列活动,让更多的人参与打造更美的绿色家园。

25. 全国儿童友好城市建设专题调研座谈会在长沙举行

为聚焦城市儿童问题、进一步研究探讨其解决思路和工作举措,国家发展改革委召集15个省、市发展改革委和妇儿工委负责人在长沙召开了专题座谈会,听取各省市对儿童友好城市建设的建议。会议指出,国家始终高度重视儿童事业和儿童发展,国家"十四五"规划纲要也将儿童友好城市建设列入"一老一小"重大工程专栏,并明确要求开展100个儿童友好城市示范。

26. 亚洲儿童友好城市圆桌论坛在长沙圆满举办

2021年5月29日下午,由湖南大学主办、长沙市万科企业有限公司(以下简称长沙万科)倾力支持的亚洲儿童友好城市圆桌论坛在湖南大学建筑学院一楼交流厅圆满落幕。中外专家学者和相关职能部门负责人集思广益,深入探讨如何更好地让儿童友好理念与城市的建设发展有机融合,以期为广大儿童成长创造更加美好的环境。

27. 长沙市倡议"创建儿童友好型小区",并发布《长沙市创建儿童友好型小区倡议书》

长沙市召开推进全龄友好城市建设专题调度会,万科、长房、融创、龙湖、金科、绿地、华润、中海、中建信和、湖南建工等10家知名房企联合响应，并发布了《长沙市创建儿童友好型小区倡议书》。专题调度会上，长沙市自然资源和规划局发布《长沙市儿童友好型小区建设指引》。该《指引》从"空间友好""服务友好""政策友好"三大目标出发，指导完善长沙各类型住宅小区公共空间的硬件设施和软件环境，为儿童提供安全、健康、包容、舒适的普惠型服务，保障儿童权利，建设具有安全、趣味、活力的儿童友好型小区。

28. 与你"童"行 长沙举行创建儿童友好型城市"六一"专题活动

2021年
5月30日

由长沙市"儿童友好型城市"创建工作领导小组办公室、长沙市自然资源和规划局、长沙市岳麓山风景名胜区管理局主办，长沙规划展示馆、长沙岳麓山风景名胜区麓山景区管理处、湖南大学建筑学院承办的"山水洲城，与你'童'行"——长沙创建儿童友好型城市"六一"专题活动在岳麓山爱晚亭广场举行。活动邀请了长沙儿童代表担任"城市+"公开课的主讲小嘉宾，并与清华大学、北京大学专家教授畅谈城市发展。联合国儿童基金会代表也在现场连线长沙市儿童与青少年，还送上来自联合国的"六一祝福"。现场特邀嘉宾与儿童代表一起在岳麓山种下了"儿童友好·成长树"，并许下美好的心愿。

29. "生态健康、儿童友好"松雅湖国家湿地公园保护之旅

2021年
5月31日

长沙市"儿童友好型城市"创建工作领导小组办公室携手湖南松雅湖国家湿地公园为儿童带来了一道"自然的盛宴"，并共享一场独一无二的自然保护之旅，这就是倡导青少年儿童聚焦生态文明建设，关注绿色发展与绿色生活。此次活动由长沙市自然资源和规划局、长沙市林业局、长沙县人民政府主办，长沙县自然资源局、长沙县松雅湖管理局、长沙市野生动植物保护协会承办。

30. 长沙举行"儿童友好型城市"建设实践沙龙

2021年
7月23日

为充分保障儿童权利，将"儿童友好"理念与本地文化充分融合，长沙市"儿童友好型城市"创建工作领导小组办公室携手湖南师范大学、长房集团、长

沙十二时辰书店共同举办了"对话历史与现代——长沙'儿童友好型城市'建设实践沙龙"活动。来自湖南省内外的专家学者共聚一堂，畅想古今对话、交流融合与协同发展，探讨长沙"儿童友好型城市"建设实践中场所精神的塑造和空间载体的打造之路径。

2021年7月23日

31. 长沙市召开儿童友好产业链构建研讨会

联合国儿童基金会驻华办事处官员、专家与长沙市自然资源和规划局、长沙市总工会、长沙市规划设计院儿童友好促进中心相关专家一同走进长沙市"儿童友好型"示范企业，围绕构建"儿童友好产业链"并促进儿童友好型城市建设的主题进行了研讨。与会代表就长沙儿童友好相关产业空间分布和生命周期现状进行了充分的交流，围绕如何提升企业参与度、企业内生动力，如何充分保障儿童权利，如何将"儿童友好"理念与儿童友好型企业打造相融合，以及如何构建"儿童友好产业链"实施办法等进行了深入研讨。

2021年7月29日~8月9日

32. 长沙举办"寻迹友好·童绘长沙"儿童友好型城市系列绘画征集活动

为进一步提高公众儿童权利意识，呼吁更多的市民参与到"儿童友好型城市"创建工作中，长沙市"儿童友好型城市"创建工作领导小组办公室特地举办了绘画作品征集活动。通过儿童的视角，以诗歌或者小故事配画的形式，展现'长沙儿童友好空间'特色，描绘心中长沙儿童友好型城市的形象，传递长沙儿童友好城市文化。我们从数百份灵性十足作品中评选出11份作品，它们脱颖而出并荣获大奖。这其中廖婉睿小朋友的《欢迎您来到网红长沙》受到专家们和国潮品牌"茶颜悦色"的一致好评。其作品以四连漫画为创作形式，描述了都市中人与人温情互助的故事情节，呈现了儿童友好、城市文明等主题，凸显了长沙小主人的风采。

2021年10月8日

33. 长沙市首家专业大型儿童福利机构正式运营

历时两年半时间，长沙市首家专为特殊儿童而建的大型儿童福利机构——长沙市儿童福利院已于2021年国庆后正式投入使用。长沙市儿童福利院不仅有宛如"童话世界"的缤纷色彩，更有贴心、细致的功能设置和安全保障，其医疗中心的墙壁是温暖的黄色，儿童养护中心的顶部设置有各种小动物图案的圆形顶灯，康复中心则用黄绿橙等多种色彩营造出温馨的氛围。长沙市儿童福利院将按照养护、医康、特教三位一体的功能定位，逐步打造集儿童友好发展、机构普惠示范、服务区域共享于一身的福利服务机构。

索 引

A 专栏索引

B 插图索引

C　表格索引

参考文献

［1］ DODGE R. Enhancing wellbeing‐Evaluating an intervention for Further Education students［D］. Cardiff Metropolitan University，2016.

［2］ 周郦红. 童真·童趣·童愁——读鲁迅三篇作品的感悟［J］. 中学教学参考，2010，（01）：4-5.

［3］ 彭文洁. 城市需要怎样的儿童基础设施——儿童权利导向型城市空间建设［J］. 景观设计学，2020，8（02）：100-109.

［4］ 布伦丹·格利森，尼尔·西普. 创建儿童友好型城市［M］. 北京：中国建筑工业出版社，2014.

［5］ RIGGIO E，KILBANE T. The international secretariat for child-friendly cities：a global network for urban children［J］. Environment and urbanization，2000，12（2）：201-205.

［6］ RIGGIO E. Child friendly cities：good governance in the best interests of the child［J］. Environment and urbanization，2002，14（2）：45-58.

［7］ TIGHT M G M. The role of walking and cycling in advancing healthy and sustainable urban areas［J］. Built environment，2010，36（4）：384-390.

［8］ HYOJIN N，SEOK N. Child-friendly city policies in the Republic of Korea［J］. Children and youth services review，2018，94（8）：545-556.

［9］ 木下勇，沈瑶，刘赛，等. 日本儿童友好城市发展进程综述［J］. 国际城市规划，2021，36（01）：8-16.

［10］ BROWN C，DE LANNOY A，MCCRACKEN D，et al. Special issue：childfriendly cities［J］. Cities & health，2019，3（1/2）：1-7.

［11］ 孟雪，李玲玲，付本臣. 国外儿童友好城市规划实践经验及启示［J］. 城市问题，2020，（03）：95-103.

［12］ 赵荣耀. 评论汇编：可持续发展要优先考虑儿童福祉［N］. 社会科学报，2020-07-16.

［13］ 邓凌云. "儿童友好型城市"城市治理方案的构建与实践——以长沙为例［C］// 活力城乡　美好人居——2019中国城市规划年会论文集（12城乡治理与政策研究）. 中国重庆，2019：6.

［14］ 刘易斯·芒福德. 城市发展史：起源，演变和前景［M］. 中国建筑工业出版社，2005.

［15］ 茆长宝，穆光宗. 国际视野下的中国人口少子化［J］. 人口学刊，2018，40（4）：19–30.

CHANGBAO M，GUANGZONG M U. Fewer Children in China from an International Perspective［J］. Population Journal，2018，40（4）：19–30.

［16］ HIL R，BESSANT J. 'SPACED–OUT?Young people's agency，resistance and public space'［J］. Urban and Research，1999，17（1）：41–49.

［17］ G P B，J P. Urban Governance［M］. Oxford University Press，2012.

［18］ 联合国儿童基金会. 儿童友好型城市规划手册：为孩子营造美好城市［M］. 2018.

［19］ DAVOLI，MARA M，FERRI G. Reggio Tutta：A Guide to the City by Children［M］. 2000.

［20］ FUND U N C S. The state of the world's children 2012：executive summary［J］. 2012.

［21］ MINATO J C F U. FOR EVERY CHILD，A CHILD FRIENDLY CITY［EB/OL］. https://www.unicef.or.jp/jcu-cms/media-contents/2021/04/20210216_CFCI_PPT_Louise.pdf.

［22］ 中国领事服务网. 加拿大［EB/OL］. http://cs.mfa.gov.cn/zggmcg/ljmdd/bmz_655327/jnd_656507/.

［23］ Des TOUT–PETITS O. Accès aux logements：une aide de plus de 60M$ annoncée par Québec［EB/OL］. https://tout-petits.org/actualites/2021/acces-aux-logements-une-aide-de-plus-de-60-m-annoncee-par-quebec/.

［24］ CANADA U. PROGRAMME LE MONDE EN CLASSE D'UNICEF CANADA［EB/OL］. https://www.unicef.ca/fr/programme-le-monde-en-classe-dunicef-canada.

［25］ MIGRATION C O. On ne joue pas avec les droits!［EB/OL］. https://citiesofmigration.ca/good_idea/play-it-fair-2/?lang=fr.

［26］ 中国领事服务网. 美国［EB/OL］. http://cs.mfa.gov.cn/zggmcg/ljmdd/bmz_655327/mg_656793/.

［27］ 林瑛，周栋. 儿童友好型城市开放空间规划与设计——国外儿童友好型城市开放空间的启示［J］. 现代城市研究，2014，29（11）：36–41.

［28］ 张佳怡，顾怡雯，鲍贤清. 英美科技类博物馆面向特殊儿童及其家庭的教育现状研究［J］. 自然科学博物馆研究，2020，5（06）：32–39.

［29］ 卞一之，朱文一. 营造城市空间的可玩性——从美国卡布平台到可玩型城市认

证［J］. 城市设计，2019，（04）：52–61.

［30］ KABOOM. Design Guides［EB/OL］. https://kaboom.org/playbook/design-guides.

［31］ KABOOM. About KABOOM!［EB/OL］. https://kaboom.org/about.

［32］ 张谊. 儿童友好型城市空间［J］. 北京规划建设，2018，（03）：129–138.

［33］ 中国领事服务网. 伯利兹［EB/OL］. http://cs.mfa.gov.cn/zggmcg/ljmdd/bmz_
655327/blz_655825/.

［34］ BELIZE U. A force for change：How a shy boy became a champion activist through
CAB［EB/OL］. https://s25924.pcdn.co/wp-content/uploads/2017/12/Belize-Human-
Interest-Story-1-David-A-Force-for-Change.pdf.

［35］ 中国领事服务网. 巴西［EB/OL］. http://cs.mfa.gov.cn/zggmcg/ljmdd/nmz_
657827/bx_657953/.

［36］ UNICEF. Brazil［EB/OL］. https://childfriendlycities.org/brazil-pcu/.

［37］ 张会平. 儿童友好型城市建设：发展中国家经验及其启示［J］. 社会建设，
2021，8（02）：64–74.

［38］ 中国领事服务网. 阿根廷［EB/OL］. http://cs.mfa.gov.cn/zggmcg/ljmdd/nmz_
657827/agt_657829/.

［39］ UNICEF. Argentina［EB/OL］. https://childfriendlycities.org/argentina/.

［40］ Argentina.gob.ar. Asignación Universal por Hijo［EB/OL］. https://www.argentina.gob.
ar/justicia/derechofacil/leysimple/seguridad-social/asignacion-universal-por-hijo.

［41］ 中国领事服务网. 意大利［EB/OL］. http://cs.mfa.gov.cn/zggmcg/ljmdd/oz_
652287/ydl_655141/.

［42］ MUSEUM M. Visiting the museum［EB/OL］. https://www.muse.it/en/Pages/default.aspx.

［43］ 中国领事服务网. 英国［EB/OL］. http://cs.mfa.gov.cn/zggmcg/ljmdd/oz_652287/
yg_655203/.

［44］ 董慰，闫慧中，董禹. 在游戏中成长：英国的儿童游戏环境营造经验［J］. 上
海城市规划，2020，（03）：14–19.

［45］ 中国领事服务网. 塞内加尔［EB/OL］. http://cs.mfa.gov.cn/zggmcg/ljmdd/fz_648564/
snje_651357/.

［46］ AFRICA U W A C. One year after the start of the pandemic in Senegal, the country
will receive a first batch of 324，000 doses of COVID-19 vaccine through the COVAX
initiative.［EB/OL］. https://www.unicef.org/wca/press-releases/one-year-after-start-
pandemic-senegal-country-will-receive-first-batch-324000-doses.

［47］ NATIONS UNIES SÉNÉGAL. Sénégal：La Chine offre 1 million de dollars pour

améliorer la prise en charge des enfants souffrant de malnutrition［EB/OL］. https://
senegal.un.org/fr/99031-senegal-la-chine-offre-1-million-de-dollars-pour-
ameliorer-la-prise-en-charge-des-enfants.

［48］ 中国领事服务网. 几内亚［EB/OL］. http://cs.mfa.gov.cn/zggmcg/ljmdd/fz_
648564/jny_649621/.

［49］ GUINEENEWS.ORG. Accès des enfants au livre : un point de lecture est désormais
opérationnel au jardin du 2 octobre [EB/OL]. https://guineenews.org/acces-des-enfants-
au-livre-un-point-de-lecture-est-desormais-operationnel-au-jardin-du-2-octobre/.

［50］ 中国领事服务网. 莫桑比克［EB/OL］. http://cs.mfa.gov.cn/zggmcg/ljmdd/fz_
648564/msbk_650923/.

［51］ INEE. ORG. Child-friendly Schools: Stories from Mozambique [EB/OL]. https://inee.
org/resources/child-friendly-schools-stories-mozambique.

［52］ 中国领事服务网. 印度［EB/OL］. http://cs.mfa.gov.cn/zggmcg/ljmdd/yz_645708/yd_
648314/.

［53］ KILIKILI. 3 public play spaces in Bangalore，1 in Mangalore and 1 in Mumbai made
inclusive［EB/OL］. http://kilikili.org/.

［54］ 中国领事服务网. 日本［EB/OL］. http://cs.mfa.gov.cn/zggmcg/ljmdd/yz_645708/rb_
647322/.

［55］ 何灏宇，谭俊杰，廖绮晶，等. 基于儿童友好的健康社区营造策略研究［J］.
上海城市规划，2021，（01）：8-15.

［56］ 中国领事服务网. 韩国［EB/OL］. http://cs.mfa.gov.cn/zggmcg/ljmdd/yz_645708/hg_
646516/.

［57］ UNICEF. Republic of Korea［EB/OL］. https://childfriendlycities.org/republic-of-
korea/.

［58］ KOREA U. The Child-Friendly City Initiative in the Republic of Korea［EB/OL］.
https://s25924.pcdn.co/wp-content/uploads/2017/10/CFCI-Case-Study-Korea.pdf.

［59］ 中国领事服务网. 澳大利亚［EB/OL］. http://cs.mfa.gov.cn/zggmcg/ljmdd/dyz_
658636/adly_658638/.

［60］ 卡罗琳·威兹曼，陈烨，罗震东. 促进儿童独立活动性的政策与实践［J］. 国
际城市规划，2008，（05）：56-61.

［61］ 中国领事服务网. 新西兰［EB/OL］. http://cs.mfa.gov.cn/zggmcg/ljmdd/dyz_
658636/xxl_660374/.

［62］ 江苏省城市规划设计研究院. "儿童友好城市"建设中，规划师该扮演什么角

色？［EB/OL］. https://mp.weixin.qq.com/s?__biz=MjM5OTI4NjAzNw==&mid=26515
19138&idx=2&sn=fba1bd25b5b17ad618d274c8e46b3f8f&scene=4#wechat_redirect.

［63］ 张倩仪. 再见童年：消逝的人文世界的最后回眸［M］. 北京：世界图书出版公
司，2012.

［64］ 胡晓风. 陶行知教育文集［M］. 成都：四川教育出版社，2007.

［65］ 新华社新媒体. 新华视点|第七次全国人口普查数据结果十大看点［EB/OL］.
https://baijiahao.baidu.com/s?id=1699468079448603829&wfr=spider&for=pc.

［66］ 新华网. 三孩生育政策来了［EB/OL］. http://www.xinhuanet.com/2021-05/31/c_
1127513067.htm.

［67］ 新华网. 习近平寄语全国各族少年儿童［EB/OL］. http://www.xinhuanet.com/
politics/2015-06/01/c_1115476644.htm.

［68］ 中国政府网. 中国少年先锋队第七次全国代表大会在京开幕［EB/OL］. http://
www.gov.cn/xinwen/2015-06/01/content_2871364.htm.

［69］ 梁启超. 梁启超全集［M］. 北京：北京出版社，1999.

［70］ 刘铁芳. 个体成人的开端：儿童教育的哲学阐释［M］. 北京：中国人民大学出
版社，2020.

［71］ 中文互联网数据资讯网. CNNIC：2018年全国未成年人互联网使用情况研究报
告［EB/OL］. http://www.199it.com/archives/862520.html.

［72］ 中国政府网. 国家卫健委调查：全国儿童青少年一半以上近视［EB/OL］. http://
www.gov.cn/xinwen/2019-04/29/content_5387441.htm.

［73］ 人民网. 解码"中国之治"的制度优势［EB/OL］. https://baijiahao.baidu.com/s?i-
d=1672242515268025102&wfr=spider&for=pc.

［74］ 长沙市人民政府. 长沙概况［EB/OL］. http://www.changsha.gov.cn/xfzs/zjmlzs/zsgl/
200907/t20090727_5686409.html.

［75］ 长沙市统计局. 2020年长沙市国民经济和社会发展统计公报［EB/OL］. http://tjj.
changsha.gov.cn/tjxx/tjsj/tjgb/202104/t20210409_9874800.html.

［76］ 长沙儿童友好成长树公众号. "长沙有多少儿童？1672202"［EB/OL］.

［77］ 百度百科. 长沙［EB/OL］. https://baike.baidu.com/item/长沙/204237?fr=aladdin.

［78］ 《隋书》卷三十一，《地理下》［M］.

［79］ （明）倪岳：赠长沙府知府王君赴官序，《青溪漫稿》卷十九［M］.

［80］ 长沙晚报网. 湘楚强悍民风，史不绝书［EB/OL］. https://www.icswb.com/h/
103039/20190725/601626.html.

［81］ 百度百科. 潮宗街［EB/OL］. https://www.icswb.com/h/103039/20190725/601626.html.

［82］ 刘剑. 理学·湘学·岳麓书院——岳麓书院国学院院长朱汉民谈岳麓书院的学术传统与教育传统［J］. 光明日报，2020，(11).

［83］ 湖南日报. 108字学规与它背后的山长们［EB/OL］. https://hnrb.voc.com.cn/hnrb_epaper/html/2020-11/23/content_1486920.htm?div=-1.

［84］ 中小学频道. 湖南省长沙市第一中学著名校友汇总［EB/OL］. https://chuzhong.eol.cn/focus/201209/t20120905_839298.shtml.

［85］ 百度百科. 长沙市长郡中学［EB/OL］. https://baike.baidu.com/item/长沙市长郡中学/5487136?fr=kg_qa.

［86］ 百度百科. 长沙市雅礼中学［EB/OL］. https://baike.baidu.com/item/长沙市雅礼中学/1531408?fr=kg_qa.

［87］ 百度百科. 湖南师范大学附属中学［EB/OL］. https://baike.baidu.com/item/湖南师范大学附属中学/1523249?fr=kg_qa#7.

［88］ 张利娟. 长沙：为世界媒体艺术产业注入鲜明东方活力［J］. 中国报道，2020，(Z2)：106-107.

［89］ 中华人民共和国文化和旅游部. 湖南长沙文化产业以创意引领城市升级走向世界［EB/OL］. https://www.mct.gov.cn/whzx/qgwhxxlb/hn_7731/201806/t20180629_833592.htm.

［90］ 红网. 向世界展现"创意长沙"的独特魅力［EB/OL］. https://baijiahao.baidu.com/s?id=1601129989584110427&wfr=spider&for=pc.

［91］ 金台资讯. 2020幸福再升级，长沙连续13年获评"中国最具幸福感城市"［EB/OL］. https://baijiahao.baidu.com/s?id=1683700505430617627&wfr=spider&for=pc.

［92］ 凤凰房产网. 长沙"房住不炒"真相调查：收入涨幅跑赢房价［EB/OL］. https://baijiahao.baidu.com/s?id=1676595106109595939&wfr=spider&for=pc.

［93］ 凤凰网. 知乎联合南方财经全媒体集团发布《中国潮经济·2020网红城市百强榜》［EB/OL］. https://i.ifeng.com/c/7xuOwdNUZfD.

［94］ 星辰在线. 打卡长沙相遇青春专访②|撩长沙："95后"眼中的幸福长沙［EB/OL］. https://news.changsha.cn/xctt/html/110187/20200818/87423.shtml.

［95］ COLLABORATORS M C O D. Global, regional, and national age-sex specific all-cause and cause-specific mortality for 240 causes of death, 1990—2013: a systematic analysis for the Global Burden of Disease Study 2013［J］. Lancet (London, England), 2019, 2015年385卷9963期：117-171.

［96］ 叶万宝，严淑珍，李丽萍. 1997—2016年中国道路交通伤害变化趋势的Joinpoint回归分析［J］. 中华疾病控制杂志，2019，23 (5)：501-505.

［97］ 林燕. 人车分流系统在大学校园中心区规划中的应用［J］. 华南理工大学学报（自然科学版），2007，（11）：36-40.

［98］ 长沙公安交管. 又到开学季　长沙交警100处护学岗守护平安［EB/OL］. http://csga.changsha.gov.cn/jjzd/csjj_index/article_14510_1.shtml.

［99］ 长沙晚报网. 雨花区109个新护学服务岗亮相校门口［EB/OL］. https://www.icswb.com/h/104030/20200831/674081.html.

［100］ 中华人民共和国中央人民政府. 湖南："护学旗"在全省6092所中小学校正式使用［EB/OL］. http://www.gov.cn/gzdt/2010-11/16/content_1746438.htm.

［101］ 长沙文明网. 长沙市46所中小学设学生接送专用限时车位［EB/OL］. http://cs.wenming.cn/j/3/201601/t20160108_3073973.htm.

［102］ 钟富有，张宝铮，邓凌云，等. 提升公共空间品质，创建儿童友好校区——以长沙市岳麓一小周边交通及公共空间改造设计为例［J］. 2016：8.

［103］ 中华人民共和国中央人民政府. 中共中央　国务院印发《"健康中国2030"规划纲要》［EB/OL］. http://www.gov.cn/zhengce/2016-10/25/content_5124174.htm.

［104］ 哈瑞·丹特，DENT Harrys.，丹特，等. 人口峭壁：2014—2019年，当人口红利终结，经济萧条来临［M］.，2014.

［105］ 邓婉娣，李健军，卢志铭，等. 儿童医院安全设计实践与探讨［J］. 中国医院建筑与装备，2020，21（9）：74-76.

［106］ 王芳. 儿童心理健康需要良好教育生态［N］. 社会科学报.

［107］ 钱理群. 我的教师梦［M］. 上海：华东师范大学出版社，2008.

［108］ 张静. 区域游戏在幼儿活动中的应用［J］. 湖南教育（B版），2017，（9）：43.

［109］ 长沙市实验小学［J］. 湖南教育（D版），2019，（9）：2.

［110］ 王云霞，杨密. 百年名校正芳华——长沙市实验小学高品质发展纪实［J］. 湖南教育（D版），2019，（9）：28-30.

［111］ 赵群荟，周恺，肖杰，等. 合作生产理念下的社区实践研究——伦敦和长沙案例分析［J］. 景观设计学（英文版），2020，8（5）：46-59.
QUNHUI Z，KAI Z，JIE X，et al. RESEARCH ON THE COMMUNITY CO-PRODUCTION PRACTICES：A CASE STUDY OF LONDON AND CHANGSHA［J］. Landscape Architecture Frontiers，2020，8：46-59.

［112］ 沈瑶，刘晓艳，刘赛. 基于儿童友好城市理论的公共空间规划策略——以长沙与岳阳的民意调查与案例研究为例［J］. 城市规划，2018，42（11）：79-86.

［113］ 豆瓣. 我心中的"共享家"｜PARK家庭说（二）［EB/OL］. https://site.douban.com/208732/widget/notes/13364593/note/553832472/.

［114］孙安琪. 社会工作者介入社区1～3岁儿童服务的行动研究［D］. 中国青年政治学院，2017.

［115］长沙晚报. "邂逅"皇宫历史对话［EB/OL］. https://www.icswb.com/default.php?mod=newspaper&a=gen_one&channel_id=15&publish_date=2019-09-17&newspaper_page_id=256483.

［116］湖南日报. 暑假，一起守护"惊奇之心"［N］. 湘江周刊，2020-08-21.

［117］星辰在线. "长沙蓝·青少年生活垃圾分类公益志愿行动"总结表彰大会举行［EB/OL］. https://news.changsha.cn/xctt/html/110187/20201209/96839.shtml.

［118］红网. 美好城市70年"长沙市自然资源和规划局局长冯意刚：坚持以"人"为核心的科学规划"［EB/OL］. https://fdc.rednet.cn/content/2019/11/06/6187723.html.

［119］黄军林，李紫玥，曾钰洁，等. 面向"沟通行动"的长沙儿童友好规划方法与实践［J］. 规划师，2019，35（1）：77-81.

［120］刘贝，邓凌云. 儿童参与视角下的儿童友好型社区空间微更新［J］. 2019：347-355.

［121］长沙晚报. 长沙创建儿童友好型城市妇女儿童之家将100%覆盖［EB/OL］. https://hn.qq.com/a/20190509/001816.htm.

［122］光明网. "十四五"时期，长沙将打造"儿童友好"升级版［EB/OL］. https://www.sohu.com/a/434484698_162758.

［123］芙蓉发布. 长沙儿童友好工作怎么做？这些获奖单位的经验值得学习［EB/OL］. https://baijiahao.baidu.com/s?id=1685391794872981550&wfr=spider&for=pc.

［124］长沙晚报. 长沙市儿童友好型城市建设十大创新品牌案例出炉［EB/OL］. https://www.icswb.com/h/100104/20201120/685831.html.

［125］新湖南. 长沙发出"儿童友好城市"倡议书：为孩子营造安全趣味公平环境［EB/OL］. https://m.voc.com.cn/wxhn/article/201903/201903201158529165.html.

［126］长沙共青团新媒体中心. 长沙市举办"儿童议事会"少先队小骨干学习培训活动［EB/OL］. https://www.sohu.com/a/326400640_391113.

［127］长沙晚报掌上长沙. 长沙出台创建儿童友好型城市三年行动计划包含10大行动42项任务［EB/OL］. https://baijiahao.baidu.com/s?id=1632978838188145313&wfr=spider&for=pc.

［128］XIN的景观图志. 长沙中航"山水间"公园设计-张唐·精选案例［EB/OL］. https://www.shangyexinzhi.com/article/598247.html.

［129］华声在线.《长沙市儿童友好型学校建设导则》出台　要求学校成立学生法律援助中心［EB/OL］. https://baijiahao.baidu.com/s?id=1612105961337532896&wfr=spi

der&for=pc.

［130］华声在线. 长沙首套AI校车智能监管平台上线已有30台覆盖17所小学和幼儿园
［EB/OL］. http://hunan.voc.com.cn/article/201910/201910101000301991.html.

［131］国务院法制办公室. 中华人民共和国法规汇编［M］. 北京：中国法制出版社，
2011.

［132］华声在线. 点亮儿童未来　长沙举办世界儿童日主题系列活动［EB/OL］. https://
baijiahao.baidu.com/s?id=1650737880305894076&wfr=spider&for=pc.

［133］联合国儿童基金会. 关于联合国儿童基金会［EB/OL］. https://www.unicef.org/zh/
关于联合国儿童基金会.

［134］朱昱萌. 我国基金会发展存在问题与对策研究［J］. 长春教育学院学报，
2013，29（7）：55-56.

［135］中华少年儿童慈善救助基金会. 关于我们［EB/OL］. https://www.ccafc.org.cn/
category/.

［136］中华少年儿童慈善救助基金会. 领域分类［EB/OL］. https://www.ccafc.org.cn/
category/5621.

［137］中国公益研究院. 儿童福利研究中心简介［EB/OL］. http://www.bnu1.org/show_
761.html.

［138］中国公益研究院. 儿童福利实务咨询［EB/OL］. http://www.bnu1.org/show_1234.
html.

［139］华夏经纬网. 20项目总投资1200亿助崛起［EB/OL］. http://www.huaxia.com/ccxc/
csxw/2015/05/4416393.html.

［140］湖南日报. 文化撑起一座新城——建设中的长沙湘江新区［EB/OL］. https://
hnrb.voc.com.cn/hnrb_epaper/html/2014-09/26/content_884369.htm?div=-1.

［141］湖南湘江新区. 新区拍了拍你，我们在旅博会"摆摊"啦！［EB/OL］. https://
baijiahao.baidu.com/s?id=1669932918479855802&wfr=spider&for=pc.

［142］长沙晚报. 地平线下的欢乐奇迹［EB/OL］. https://www.icswb.com/newspaper_
article-detail-1736296.html.

［143］长沙文明网.【好人故事吧】李晓明：在公益路上留下快乐的脚印［EB/OL］.
http://cs.wenming.cn/zthd/hrgsb/201803/t20180313_5083037.html.

［144］高亚琼，王慧芳. 长沙建设儿童友好型城市的规划策略与实施路径探索［J］.
北京规划建设，2020，（3）：54-57.

［145］陈波，管娟，金松儒. 城市儿童活动空间设计（理想空间80）［M］. 上海：同
济大学出版社，2018.

［146］韩丽. 基于行为心理学的儿童户外活动空间设计探究［D］. 河北工程大学，
2017.

［147］申思. 时刻不忘立心铸魂的光荣责任［J］. 奋斗，2020，（12）：16.

［148］陈瑞恋. 宝安区妇女儿童友好型城区创建过程中的问题与对策［D］. 华中师范
大学，2019.

［149］董慰. 本期主题：儿童友好型城市［J］. 上海城市规划，2020，（3）：5-6.

［150］卢鸿鸣. 创建儿童友好型学校的探索与实践［J］. 基础教育参考，2019，（19）：
17-19.

［151］严钦强，严志强. 儿童友好型城市规划策略研究［C］//共享与品质——2018中
国城市规划年会论文集（07城市设计）. 杭州，2018：8.

［152］宋文珍. 创建一个适合儿童的友好城市［J］. 北京规划建设，2020，（3）：4-7.